最流行的

药食同源

健康植物

园艺
家

初舍 刘若兰 / 主编

中国农业出版社

图书在版编目（CIP）数据

最流行的药食同源健康植物 / 初舍，刘若兰主编. --
北京：中国农业出版社，2016.8
（园艺·家）
ISBN 978-7-109-21892-5

Ⅰ. ①最… Ⅱ. ①初… ②刘… Ⅲ. ①药用植物－食
用植物－基本知识 Ⅳ. ①S567

中国版本图书馆CIP数据核字(2016)第163449号

本书编委会名单：

宋明静	熊雅洁	曹燕华	杜凤兰	童亚琴
黄熙婷	江 锐	李 榜	李凤莲	李伟华
李先明	杨林静	段志贤	刘秀荣	吕 进
马绛红	毛 周	牛 雯	邵婵娟	涂 睿
汪艳敏	薛 凤	杨爱红	张 涛	张 兴
张宜会	陈 涛	魏孟囡	刘文杰	阮 燕

中国农业出版社出版

（北京市朝阳区麦子店街18号楼）

（邮政编码100125）

责任编辑　黄　曦

北京中科印刷有限公司印刷　新华书店北京发行所发行
2016年10月第1版　2016年10月北京第1次印刷

开本：710mm×1000mm　1/16　印张：10
字数：200千字
定价：38.00元

目录

一 药食同源，
揭开健康植物的神秘面纱

二 四季皆流行，
亦药亦食植物的基础栽种与照护

三 对症种小物：
种在家里的"家庭医生"

四 正能量花草：
天然调理食材助你
健康排毒焕彩

五 芳香小盆栽，
纤体美肤抗衰老
各有妙处

六 养生好料：
在家也能种的顶级养生植物

药食同源，

揭开健康植物的
神秘面纱

源远流长的
药食同源

古代，人们一直都有用食物防治疾病的传统。那是因为食物不仅可以使人体五脏安和，更可以令人神志清爽、血气旺盛。

事实上，许多药物同时也是食物，例如姜、桂皮、花椒、大枣等，本身就是调味作料或食品；"药食同源"这个词更是阐明了药物和食物之间的密切关系。古人认为，某些物品"用之充饥则谓之食，以其疗病则谓之药"；中医上则特别讲究调理饮食。可见，在日常生活中，重药轻食是不对的。

早在两千多年前，我国就出现了专门的医学分科——食医，它与疾医（内科）、疡医（外科）及兽医并列。在我国医学发展的初期，古人对饮食疗法尤其重视，很早就有人提出，作为医生，应该了解病源，先用食物进行治疗，食疗不愈，然后用药；人们还把能用食物治病的医生称作"良工"（好医生）。现存中医最早的理论专著《黄帝内经》就提倡"五谷为养，五果为助，五畜为益，五菜为充"，其对食物性质的讨论比对药性的讨论多得多。

在我国医学史上，也出现了许多食疗专著。譬如，隋唐时期就有孟诜的《补养方》，陈仕良的《食性本草》，孙思邈的《千金食治》……这些著作都详细地记载了很多用食物治疗疾病的事例。总之，所谓的"药食同源"，也意味着，食物与药物有时是分不开的。

古为今用，
药食可以这么吃

很多药食，古代与现代的吃法大不相同，所起到的作用也不一样。比如，有一种古老的中药，名为"丁香"，其品种繁多，而真正药用的是桃金娘科植物，以其花蕾及果实入药。中医认为，丁香味辛、性温，具有补肾助阳、温中降逆的作用，在古代，常常被作为温胃药使用，对由寒邪所引起的呕吐、胃痛、腹痛及妇女寒性经痛等病症，都有很好的效果。而到了现代，丁香常被用于治疗口臭，或用于食品调味。

再比如，槐花被历代医家视为"凉血要药"，其性味苦，微寒，归肝，有清热泻火、凉血止血的作用。同时，槐花口感鲜嫩、清甜，是制作各种美食的上好材料。古时，每到灾荒之年，人们就用槐花做饼充饥度荒，直至现今，仍有人喜欢用槐花做包子、烙槐花饼或是炮制各种具有地方风味的佳肴。此外，用槐花酿制的蜂蜜，因具有清淡幽香的槐花香味，而颇受人们喜爱。

说到脚气，往往让很多人苦不堪言。中医认为，脚气是因为食物过于精细，致使脾胃虚弱所引起的，而古人常常用大豆、乌豆、赤豆辅助治疗脚气。现如今，这些豆类都是非常好的食材。

近年来，有人用山楂、黑木耳、香菇、芹菜、海蜇等食品降血脂、降血压，防治动脉硬化，这些食物既能够增加营养，又有较好的疗效，且吃起来非常可口，易于被患者接受。

药补与食补，
未雨绸缪胜过良药苦口

药物有一定的毒性，用得好固然可以治病，假若把握不好，反而会伤害身体。人们常说的"是药三分毒"，说的就是这个道理。所以，在古代，我国的许多医学家都提倡"祛邪用药，补养用食"。

所谓食补，是通过调整日常的饮食方式等，健康治疗疾病的一种方法，它不仅是为了补养衰弱的身体，更重要的是补充一些人体缺乏的营养成分，以达到祛病延年、养生益寿的目的。食补中最为常见的饭菜、果蔬、肉食等，含有丰富的氨基酸、蛋白质、维生素及人体必需的各种微量元素等，食用之后不仅可以满足人体对于营养的需求，还能直接治疗某些疾病。

食补一般作用和缓，没有副作用，又容易掌握；且在烹制的过程中，做法多样，可根据各人的口味来选择，因此，极受人们的喜爱，"药补不如食补"这句话也因此而来。

然而，食补也有一定的局限性。蔬菜瓜果及肉类，它们虽有一定的药用价值，但相比真正的药物来说，药性要弱很多，所以对于病人而言，一定要采用药补的方式才能达到效果。

此外，"药补不如食补"的说法也比较片面。实际上，药物与食物可以相互配合使用，药助食性，食借药威，才能使补益的效果更强。

四季皆流行，

亦药亦食植物的基础栽种与照护

种子不好误了苗，
让药食两用植物长得更繁茂

俗话说"种子不好误了苗"，想要栽种的药食植物枝繁叶茂，在栽种之前就需要花费更多的心思。初始进入植物世界的你，是不是怀着期待而又不安的心情？很怕植物会被种死？不要怕！栽种植物其实很简单，挑选到条件良好的种子，将使你的栽种工作事半功倍。

挑选种子有诀窍，选对了事半功倍

如今，在阳台栽种药食同源的健康植物，也逐渐成为一种新时尚。若栽种得好，不仅让阳台看起来生机勃勃，而且也会大大增加你的栽种信心；而能否栽种成功，最重要的一步则是如何选购到优质高效的种子。优良的种子不仅发芽率高，而且病虫害也会少很多。若掌握了选种诀窍，必能让你的植物栽种变得顺畅起来。下面就向你介绍一下，怎么做才能挑选到质量优良的种子。

购买时应注意包装

一般需要查看标签内容是否齐全。经营者在向顾客销售种子时，会提供种子的文字说明及图案。而这些标签内容是经过有关质检部门审核的，根据这些标签，你可以了解种子的基本情况。另外，不要购买散装种子，因为散装种子没有质量保证。

正规的种子购买地点

最好是到花草专卖店购买种子，因为商家不仅能够为你提供专业的咨询，同时也可以保证种子的质量，这对于刚入门的新手来说是很有帮助的！

根据地域选择适宜的品种

购买种子时，要根据当地的地域条件进行选择，这样才能挑选到适合的种子，让你的种植获得高产。

育苗三步走，药食植物健康成长的秘密

选好了品质优良的种子之后，接下来就要考虑如何种植了。一般有两种方式，一种是先育苗，再移栽；另一种是直接播种。若是选择育苗，则可以看到一颗颗种子发芽成苗的过程，这也不失为一种享受呢！

种子消毒

有的种子自身会带有一些病菌，故为了减少带毒苗的出现，并保证药食植物苗壮成长，在播种前最好能对种子进行消毒处理。一般可以将种子置于60℃的热水中浸泡15分钟，然后搅拌一下，使水温降至30℃，继续浸泡4个小时。

催芽

植物种子的大小、形状各不相同，因此发芽的时间也有所不同。发芽慢的种子，比如桑葚，就要先催芽。催芽前必须对种子进

行消毒处理，然后浸泡，但浸泡的时间不宜过长。催芽时，在碗或其他容器的底部垫上几层湿纱布或是吸水的纸巾，将浸泡好的种子置于其上，然后将其放在28～30℃的环境中，待种子开裂、露白后，即可播种。

🍂 播种

直接将种子种到大小合适的栽培容器中，此后，整个生长期间除了间苗外，都不再进行移植。播种的方法一般有点播与撒播两种。

点播： 按一定的株形挖穴进行播种，这种方法适用于诸如大枣之类比较大颗的种子。

撒播： 将种子均匀地撒在土壤里，这种方法一般较常用于花椒这类比较小颗的种子。

播种完毕后，要每天浇水，勤加照顾，这样才能让种子更快地发出小芽来。此外，播种后，要将育苗容器置于通风处，并适当遮阴，这样才能更快出芽。

养护这样做，药食植物才会茁壮成长

🍂 间苗

待幼苗长出后，要将过密的小苗拔除，或是移栽到其他位置，以扩大幼苗之间的间距，保证幼苗间的空气流通，使光照均匀。在间苗的过程中，要留下生长健壮的幼苗，及时去除病苗、畸形苗及弱苗。此外，每次间苗也不能间得太稀，一些植物在生长过程中，需要多次间苗。

🍂 移栽

当小苗长到一定大小时，就要将其移栽到其他容器中了。一般是要待小苗长出真叶后，才能进行移栽。需要注意的是，移栽时，一定要带土。

选择优质土壤，
轻松种出美味植物

在家栽种药食植物，首要的事情是选择合适的土壤，这可谓是栽种成败的关键。优质的土壤，不仅能给药食植物提供生长介质，还能为其提供必需的营养成分。了解关于选择土壤的学问，能让你的栽种工作事半功倍。

选择的土壤，必须是药食类植物喜欢的

土壤是由三种成分组成的，分别为沙子、黏土和腐殖质。所谓腐殖质，就是动植物残体腐化分解后形成的物质，多见于树林或山中。通常，含沙子较多的土壤叫沙壤土，含黏土较多的土壤叫黏壤土，含腐殖质较多的土壤叫腐殖土，而沙子、黏土与腐殖质含量相等的土壤叫壤土。在家栽种药食植物，选择好优良种子后，还要为它们配上最理想的培养介质。

松软的土壤最营养

众所周知，大多植物都是利用根部吸收水分和养分的。所以，为了让植物健康生长，首先要选择能让根系充分舒展的土壤。一般来说，兼具保水性和排水性的土壤是上乘之选，这样的土壤既留得住水分，也能让水顺畅地流出去。更确切地说，就是每一颗土壤都含有充足的水分，且颗粒不会解体；颗粒与颗粒之间有间隙，不仅能让水流出去，还能让整个土壤有足够的透气性，让植物根系能够自如地呼吸新鲜的空气。

新手优选有机培养土

对于初次栽种的人来说，自己配土会因经验不足而降低成功率，故建议直接购买有机培养土。有机培养土混合了有利于植物根系生长的颗粒，还含有药草植物生长必需的养分，它不含化学肥料，且又符合松软、透气等要求，是最适合栽种的优质土壤。

通常，有机培养土都含有底肥，可以直接使用。建议选用2～3种不同类型的培养土，以判断哪种土最合适。此外，有机培养土用过后，里面的营养颗粒会遭到一定的破坏，如果再次使用，需要拿到室外暴晒消毒，并加入一些改良剂。

土壤pH，必须酸碱适度

选好土壤后，还要关注另一个重要指标——土壤pH。自然状态下，雨水和腐烂的有机质都呈酸性，所以土壤呈微酸性，大部分药草植物都喜欢这种土壤，但也有一些植物更偏爱碱性土壤，如果把它们栽种在酸性土壤里，就会生长不良，因此，要根据植物对酸碱度的喜好选择土壤。

土壤的酸碱度，可以依照手感来判断。一般来说，颜色较深且呈黑褐色、土质疏松的土壤为酸性土壤；颜色较浅、质地坚硬，用手揉捏后容易结块不散开的土壤为碱性土壤；微酸性土壤则介于二者之间，用手揉捏后片刻结块，但很快就散开了。如果不会判断也没有关系，去药店购买简易pH试纸或石蕊试纸，即可测出土壤的酸碱度。

装土，也是一门学问

选好了最理想的土壤后，正式栽种时，需要往盆里装土，这里面也有着大学问呢。通常，可以按照如下步骤进行：

第一步：将种植容器清洗干净；

第二步：整治土壤。如果是初次使用的营养土则不需要特别处理，反复使用的土则需要用暴晒法消毒，然后往里调配其他富含肥力的土；

第三步：在盆底排水孔处放一片干净的碎花盆片、窗纱、粗沙砾或小石子，防止浇水时水土流失；

第四步：往花盆里放置一层蛭石，以加强土壤的排水性和保水性；如果是较深的种植容器，则要在底部铺上占容器高度1/5的钵底石；

第五步：放入基肥，给幼苗一个良好的营养开端；

第六步：填上整治好的土壤，土壤的高度要比盆缘低1厘米，防止浇水时水溢出。

完成这些步骤，正式栽种就可开始了。

正确浇水与施肥，
让药食植物无忧长大

初次种养药食植物的人，总喜欢有空就去瞅瞅，浇浇水或者施点肥，生怕它们渴着了、饿着了。其实，浇水、施肥并不需要每天都进行，掌握其中的秘诀，可以帮助你轻松栽种，而且还能让药食植物们健康无忧地长大。

浇水，不让药食植物渴着

在药食植物生长期间，水分补给非常重要。浇水少了，会让植株渴着；浇水多了，也不好。别看浇水是件小事，里面的学问可大着呢。

浇什么水最合适

在回答这个问题之前，相信很多初次栽种药食植物的新手都会觉得不足为奇。浇水嘛，不就是直接浇自来水。只要植物变得蔫蔫的，或者土壤干干的，那就拧开自来水龙头，直接浇灌。事实上，这种浇水方法是非常错误的。

正确的做法应该是这样：在植物需要浇水的前一天，先把自来水接放到桶里，静置一昼夜，等到自来水水温放至室温后再来浇水。之所以要这样特别处理一下，是因为有两个好处：一是能把自来水中的化学净化剂散发出来；二是自来水经过静置后水温变得和土壤温度接近，浇下去不会伤根。

怎样浇水最合适

浇水的时候，下面这些原则是必须要牢记在心的：

一次浇透： 一次要浇足水，即浇到盆底排水孔有水流出为止，这样有利于植株根系往深处扎。

见干即浇： 看到表土干燥后，先用手指确认土壤内部是否干燥，如果是，就要及时浇水。

浇根部： 浇水的时候，要浇根部，而不是光浇叶子，这样水自盆中流过时，会带入新鲜空气，让药食植物的根部顺畅呼吸。

按季节浇水： 春季，药食植物正发育，需及时浇水；夏季，宜早晨浇水，如果水分蒸发快，可以晚上再补浇一次；到了秋季，要逐渐减少浇水量；冬季，宜上午浇水，这时太阳暖暖的，不会使浇的水结冰而冻伤根部。

此外，浇水的量要根据药食植物的喜好来定，有些比较耐旱的品种可以少浇水，不耐旱的则要勤浇水。与此同时，也要根据药食植物的不同生长阶段来浇水：种子发芽期，需要多浇水供其膨胀；幼苗期，浇水量只要保证土壤湿润即可；营养生长期要勤浇水，但也要适量；生殖生长期内，开花坐果时需多浇水，果实成熟后，要少浇水或者停止浇水。

施肥，好肥长出健康好药草

在药食植物生长的过程中，除了正确浇水外，及时追肥也是少不了的种植功课。只有科学追肥，药食植物才能吸足养分，健康长大。

给药食植物施什么肥

通常，药食植物生长需要三种肥料，分别为氮肥、磷肥和钾肥。氮肥主要用来促进枝叶生长，磷肥用来促进根系生长，钾肥则用来促进果实生长。绿叶类药食植物，经常追施氮肥，能让叶茎长得又快又好；根茎类药食植物在栽种时底肥充足，不需要额外追施氮肥；若底肥不足，在幼苗期要适当施一些氮肥，待幼苗长大后改施磷肥和钾肥。

施肥频率一般为半个月1次，但如果出现异常状况，如叶子发黄，要及时追施氮肥；若枝叶茂盛，但花蕾稀少，这时要停止追施氮肥，改施磷钾肥。

施肥有技巧

追肥时，尽量施有机肥料，不要施"化肥"，也不要施未经腐熟的"生肥"，否则会"烧死"药食植物；尽量"薄肥勤施"；此外，施肥时不要太靠近根部，也不要浇到叶子上。以下是施肥时的具体操作步骤：

第一步，松土：先将土壤表层耙松，待其稍干；

第二步，稀释肥料：市场上购得的肥料，根据说明来稀释；若自制液肥，稀释50倍以上；

第三步，挖沟：在根的外围挖一圈浅沟，不要离根太近，也不要伤及根系；

第四步，施肥：将肥料均匀地倒入沟内，盖上土；

第五步，浇水：往土里浇一些水，以利于肥料更好地被根系吸收。

有管理秘诀在手，
栽种药食植物真的很简单

栽种药食植物期间，需要腾一些心思和时间出来做好日常养护工作，比如及时给予植物充足的日照，必要时给它们松土、培土、修剪、搭架，等等。掌握一系列管理秘诀，将让你由衷地感觉到，原来栽种药食植物真的很简单！

温度与日照
药草生长的外部环境

 温度

药食植物生长期间，也会知冷暖，对温度有着自己的需求。春、秋季节温度较为适宜，但炎热的夏季和寒冷的冬季免不了让药食植物饱受过热或过冷之苦。所以，必要时，需要采取有效的措施好好呵护它们。

防热措施： 给植株多浇水，可以加速散热；或者将植株从闷热的室外搬至阴凉的室内。

防寒措施： 如果是地栽，可以搭设保温塑料棚；阳台栽种，可以用塑料袋把植株连同花盆一起套扎起来，或者在温度低的晚上把植株搬到室内，白天气温升高时再搬出。

日照

植物通过光合作用生长，而光合作用离不开阳光。药食植物对阳光的喜好不尽相同，有的喜阳，有的耐阴。所以，在栽种的过程中，一定要根据其自身对阳光的需求，让其接受合理的光照。

松土与培土

给药食植物细致周到的呵护

 松土

先用小耙子耙松表土，再用筷子沿着花盆边缘插下去，慢慢往中间破土（注意别伤到根部）。松土能让植株透气，更利于根系生长发育。

培土

用小铲子将土壤往植株根部扒拢，然后轻轻拍实。培土能增强植株的抗风能力，使其不容易倾倒；能保护根系，并促进根系对营养和水分的吸收；冬天培土，还能起到防寒保暖的作用。

搭设支架

给药食植物向上生长的力量

有些药食植物为蔓生，如南瓜、黄瓜、丝瓜等，需要搭设架子引导它们向上攀爬；其他一些药食类植物，如草莓、辣椒、番茄等，虽然不生蔓，但结的果实较多，也需要搭设支架。

通常，搭设支架的方法有如下三种：

直立架：在盆土中竖直插入1~3根竹竿。以1根支架为例。沿植株主干插入1根支架（插入时不要伤到植株根系），然后用麻绳呈8字形松松地缠绕住茎。此支架适合果实较轻的植株。

三脚架：在植株周围插入3根竹竿，把竹竿上端拢住，然后用绳子将其绑在一起。此支架适合果实较大的植株。

网格架：将竹竿以45°角成排斜插好，靠在固定物上，再横向绑竹竿。此支架适合蔓生类植物。

修剪，
让药食植物更好地生长

有些药食类植物在生长的过程中若不经修剪，任其自然生长，容易影响整体枝叶的发育以及最终的结果。所以，在植株生长期间，需要进行适当的修剪工作。

剪枝：剪掉多余的侧枝，既能让植株通风，也能让养分集中供应。

摘心：直接用手摘除枝条顶端的茎尖和几片叶子。

除腋芽：将多余的腋芽掰掉，使养分集中供应果枝，提高产量。

人工授粉，
让果实更壮大

如果是在田间栽种药食植物，蝴蝶和蜜蜂会给它们授粉。但如果是在阳台栽种南瓜、黄瓜、丝瓜等，就需要人工授粉了。人工授粉之前，先要学会辨认雌花和雄花。花蒂下面膨胀结小果实的是雌花，花蒂下面不膨胀的为雄花。

人工授粉的方法为：将雄花采下，摘掉花瓣，用雄蕊轻轻摩擦雌花柱头，让花粉落在柱头上；或者用软毛刷蘸取雄花花粉刷在雌花柱头上。人工授粉，宜尽量选择在早晨进行，挑新开的雄花给雌花授粉。为了增加成功率，可以用几朵雄花为一朵雌花授粉。

应对病虫害，
栽种药食植物的必修课

药食植物在生长期间，多多少少都会遭遇不同程度的病虫害，而如果虫子啃噬了叶片，植株就会显得毫无生气和活力。所以，作为新手，一定要知道自己种的药食植物为什么状态不佳，并学会如何应对，这样才能让植物健康长大。

各种病虫害，逐一认清它们

每种病虫害都有自己的特点，只有将它们了解清楚，才能做到知己知彼，从容应对。下面列举几种较为常见的病虫害，以供参考。

菜青虫或蛾类的幼虫

它们小的有3毫米，大的可以达到2厘米。虽然其体形小，但食欲很旺盛，啃噬起叶片来十分疯狂。平时浇水时注意检查叶片内侧，一旦发现虫害，要及时除去。

蚜虫、扁豆螟

蚜虫体长1~2毫米，扁豆螟长约0.5毫米，有黑色、茶色和绿色3种。蚜虫一般寄生在新芽和茎上，扁豆螟则喜欢附着在叶片内侧。它们会吸取叶片及茎部的水分，导致植株枯萎。

夜盗蛾

夜盗蛾体长3~5厘米，白天潜伏在土中，夜间则出来活动，它们食欲旺盛，一个晚上就能吃掉许多叶片。如果早上在土层或叶片上发现夜盗蛾的粪便，那么它们很可能潜藏在土中，夜间再检查叶片时就能发现。

棉铃虫

如果碰到叶子时不时有白色粉状物飞散，说明植株遭到了棉铃虫的侵害。这时仔细检查叶片，会发现白色的小虫。栽种茄科植物时，要注意防治棉铃虫。

霉病

植物的叶片或茎部出现白色粉末或白斑，则有可能患了霉病，这和气温有很大的关系。初夏时，热气流袭来，气温骤然升高，第二天植株就可能患上霉病。此时，要注意检查叶片，及时摘除病变叶片，防止霉病扩散。

主动应对，不同方法除虫害

一旦发现植物被病虫害"缠上"了，需要果断采取有效措施来应对。通常，你可以用以下方法应对虫害：

捉虫：这是最常用的方法，直接用小镊子将害虫夹走即可。

隔离：将被虫啃噬或产有虫卵的枝、叶、果立即摘除，根部已遭受严重损坏的植株，可以连根拔起用来做堆肥。

冲水：直接用喷壶冲洒叶片，像淋浴一样冲洗植株，可以将蚜虫、棉铃虫等冲刷下来。

喷洒自制杀虫剂：在家自制纯天然、无毒安全的杀虫剂，在晴天上午至下午2点喷施，除虫效果更佳。

下面介绍一些天然杀虫剂的制作方法。

🌿 **蒜液**

制作方法：将50克蒜头捣碎，加入500毫升冷水，浸泡12小时之后，过滤成蒜液。

使用方法：将蒜液直接喷洒于整棵植株上，可以除掉蚂蚁和线虫；也可以将大蒜直接捣碎后撒在盆土上，能消灭黑斑病、白粉病、蚯蚓等。

🌿 **草木灰水**

制作方法：取草木灰8克，加入500毫升冷水，搅拌均匀，静置3小时后过滤使用。

使用方法：直接喷施，可以除蚜虫、卷叶虫等；拌入土壤，可以防治根蛆。

🌿 **米醋水**

制作方法：取适量米醋，加水稀释至150~200倍溶液。

使用方法：将米醋水直接喷洒在植株上，能治霜霉病、白粉病和黑斑病等。

🌿 **烟草水**

制作方法：取烟草末或烟丝20克，加入500毫升冷水，浸泡24小时后过滤使用。

使用方法：将烟草水直接喷施于植物的叶面或者土壤、盆底周围，能除去蚜虫、红蜘蛛、蚂蚁、线虫和蝼蛄等。

🌿 **辣椒水**

制作方法：取辣椒粉50克，加入500毫升冷水，煮沸30分钟，然后过滤、冷却。

使用方法：取1份辣椒水溶液加4份水，喷洒在叶子的正面和反面，能有效杀灭蚜虫、菜青虫、红蜘蛛和粉虱等。

栽种古方药食植物，
这些工具少不了

古方药食植物，不仅可以被烹饪成美食，还能助益于身体。不过，不要将栽种想象成一件多难的事情，掌握了必要的种植技巧，即使作为新手，也基本上可以放心地栽种起来。在这之前，一些利于栽种的工具也要提前置办好。

种植容器
——让药食植物快快生长的"家"

种植古方药食植物的容器有很多种，你可以根据自己的兴趣来选择，既可以自制，也可以购买专业的种植容器。

购买专业容器

专业栽种容器分不同的材质，它们各有优缺点，可根据具体栽种情况来决定购买哪一种。

塑料盆：形状和规格多样，价格较为低廉，但排水性和透气性差一些，不宜浇水过多。

陶盆：排水性和透气性都很好，适合栽种药食植物，但笨重易碎，需小心轻放。

瓷盆：外观非常漂亮，但透气性差、排水也较差，若浇水过多，容易使盆土积水。

吊盆：适合悬挂起来栽种药食植物，既可点缀居家环境，又能增大栽种空间。

此外，购买时慎选黑色盆，因为黑色容易吸热，尤其在气温高的夏天，容易影响植株的长势。容器大小也是必须考虑的因素之一，宁大勿小，因为大点的容器不仅能给药食植物充足的生长空间，而且蓄水量也较大。

DIY种植容器

如果想体验动手的乐趣，可以把家里的旧物或者废弃物加以改造，让它们巧妙变身药食植物的"新家"。如用旧了的塑料盆、宝宝喝完的奶粉罐、空的饮料瓶和色拉油油桶、小坛子……都可以拿来做种植容器。

不过，改造的时候，需要注意几点。

底部钻好排水孔：为了保证排水通畅，需在容器底部钻4～5个直径约0.5～1厘米的排水孔。

自制底托：可以是废盘子，也可以是瓷砖或瓦片，将其垫在容器下面，以免弄脏地面。

保证牢固稳定：自制的容器不能"头重脚重"，要能给植株提供足够的生长空间，同时也要保证自身的牢固稳定，不能在栽种中途散掉了。

其他工具
——栽种药食植物的好帮手

刚开始栽种时，并不需要买很多工具，有必备的少数几样就够了；购买时，尽量挑选质量好的，用起来顺手，也不容易坏。

水壶

通常，在家栽种药食植物，要备两把水壶，按功能分为喷壶和喷雾器两种。

喷壶：主要作用是浇水，好让植株和土壤保持湿润。喷壶有粗眼和细眼两种喷头，最好两种都备上。若喷洒叶片，用粗眼喷头；播种或扦插，用细眼喷头；给盆土浇水，可以卸掉喷头，让水顺着喷嘴逐渐渗透到容器底层。

喷雾器：主要用于喷洒药剂，既可以防治病虫害，又可以为药食植物喷洒稀释的肥料。喷雾器用完后要注意保存好，先倒掉喷雾器内多余的药液，再用碱水将其各部件清洗干净，最后用清水冲洗，并晾干放置。

剪刀

主要用来修剪药食植物的株形，清除多余杂乱的枝条，减去病枝、残枝。

水桶

主要用来存放自来水，以便将自来水的温度放至室温。

小耙子

主要用来松土和整土。如果不打算购买专业的小耙子，可以用家里废弃的叉子代替。

小铲子

主要用来挖土、移栽、培土等。若不想购买专业的小铲子，那就拿家里的废锅铲代替吧。

每次"农事"完毕后，要将使用过的工具清洗干净，并放在阴凉通风的地方，这样能避免工具锈蚀，延长使用寿命。

对症种小物：

种在家里的 "家庭医生"

山楂，
健胃消食的
"绝佳高手"

山楂口感酸甜，深受人们喜爱。秋天果实丰收时，就可以看到山楂树的枝头挂满了一颗颗玛瑙似的红果，喜庆得像一个个红色的小灯笼，煞是可爱；摘下这酸甜开胃的果子，咬上一口，既解腻又可口。

种植帮帮忙

花期：每年的5～6月，山楂树就开始陆陆续续地开花了。

水分：山楂喜水，比较耐涝。当土壤较为湿润，即含水量达60%～80%时，非常适合植株生长。

温度：山楂萌芽抽枝时，所需的日平均气温为13℃；如果正值果期，需将生长温度控制在25～27℃，这样果实会发育得特别好。

光照：山楂为喜光树种，种植期间可以通过整形修剪，及时调节枝叶的密度，保证树冠各部位都能接受充足的光照。这样不仅植株会枝繁叶茂，坐果率也会提高。

修剪：山楂树的修剪主要是在植株生长过程中剪去竞争枝、交叉枝和并生枝等，让树冠内有良好的通风透光条件。

防病：山楂易感染的病害主要有轮纹病和白粉病。防治轮纹病，可在花谢后1周喷施80%的多菌灵800倍液，之后于6月中旬、7月下旬、8月上中旬各喷施1次杀菌剂就可以了；至于白粉病，若病害较为严重，可在植株发芽前喷1次5度石硫合剂，花蕾期和6月各喷1次50%的可湿性多菌灵600倍液或50%的可湿性托布津600倍液。

养护跟我学

①

1 对盆土做深翻熟化处理，改良土壤，增加土壤的通透性；然后将健壮的山楂树枝条扦插到土中。

②

2 将扦插好的树苗精心栽培，到了5～6月，就可以开出一簇簇的白色小花了。

3 山楂树成形后，要及时修剪；一段时间后，就会结出一颗颗黄绿色的未成熟果实。

③

④

4 慢慢地，果实逐渐变红、成熟。这时就可以采摘食用了。

达人支招

① 种植山楂树时，宜选择口径30～40厘米、深30厘米且透气性良好的瓦盆，或与此相当的木桶、木箱等。盆内营养土可用腐叶土或腐殖土、园土、沙，按4：4：2的比例配制。

② 若山楂树幼苗长势较好，但侧枝生长不佳，这是因为顶端吸取了过多的养分。所以，幼苗期要经常修剪顶端的枝叶，好使分枝生长得更加繁茂。

药食观察室

Q 我家的山楂树栽种后总是不结果，就算结果了，所结的果实也非常小，这是为什么呢？

A 山楂不结果，或者结果很小，很有可能是花期施肥不当所导致的。如果花期施肥过多，会因植株营养过盛，引起枝梢徒长，吸取过多的养分，从而导致果实发育不良或者是不结果。所以，花期施肥时一定要控制好肥量。

食用 TIPS

银耳山楂羹

原料：山楂、白木耳、冰糖。

制法：

① 挑去白木耳上的杂质，洗净后用常法熬炖。

② 山楂洗净切片，待白木耳即将酥烂时，与冰糖一同放入，熬成羹。

功效：这道药膳可起到滋阴补胃、润肺生津的作用，特别适用于高血压、高血脂、冠心病患者。

紫苏，
解表散寒增食欲

紫苏在我国有近2000年的种植历史，如今，它已成为一种备受世界关注的多用途植物。紫苏的嫩叶可生食、作汤，茎叶可腌渍，叶、梗、果均可入药，具有解表散寒、增强食欲的功效。

种植帮帮忙

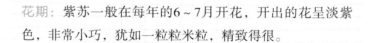

花期：紫苏一般在每年的6～7月开花，开出的花呈淡紫色，非常小巧，犹如一粒粒米粒，精致得很。

水分：紫苏耐湿、耐涝能力较强，比较怕干旱，特别是在生长旺盛期，如果遇到干燥的天气，容易出现茎叶粗硬、纤维多的问题。

温度：紫苏非常喜欢温暖、湿润的气候，在阳光充足的环境下生长得非常旺盛；其种子在地温5℃以上就可萌发。

光照：紫苏喜欢光照充足的场所；在紫苏苗生长期间需要注意保暖，但若遇上高温，则要适当遮阳。

土壤：家庭栽种紫苏，最好选择疏松、肥沃且排水性能良好的沙壤土为宜。若是干燥、贫瘠的沙土则生长不良，黏土也不易种植。

防病：6月以后，紫苏容易遭遇斑枯病，初期叶面会出现褐色或黑褐色小斑点，然后逐渐扩大为近圆形大病斑，病斑干枯后形成穿孔。通常，高温多湿、种植过密，通风透光不良的情形下容易染此病。防治方法有：选用优良种子，不要种植过密，发病初期用代森锰锌70%胶悬剂干粉喷粉防治，每隔1周1次，连续喷2~3次，也可用1：1：200倍波尔多液防治，采收前20天停止用药。

采收：可从每年8月开始，选择没有露水的晴天采摘。采摘时，要尽量保证紫苏叶片的新鲜与完整。

养护跟我学

1. 将紫苏种子种在花盆里，大约两个星期左右，就能发芽了。

2. 经常给紫苏幼苗浇水，一有空就将其放在阳台上接受适当的光照，要不了多久，叶子就会越长越大了。

3. 紫苏的叶子渐渐地染上了紫色，说明其已经生长成熟了。

达人支招

① 夏季是紫苏生长的旺盛期，此时需浇足水分以保证营养的补给；同时，需追施速效肥2～3次，并结合叶面喷施营养液。

② 只要紫苏的叶片长到一定的大小，就要将已进行花芽分化的顶端采摘下来，避免其开花，以维持茎叶旺盛生长的态势。

药食观察室

Q 我想种几株紫苏送给朋友，但种子已经播种了一个星期还没有发芽，这是怎么回事呢？

A 紫苏种子属于深休眠类型，通常采种后4～5个月才能逐步完全发芽，如果要让其反季节生长，就得进行低温及赤霉素和新高脂膜处理才能有效地打破休眠。具体方法是：将刚采收的种子用100微升/升赤霉素处理并置于低温3℃及光照条件下5～10天，然后再置于15～20℃光照条件下催芽12天，这样种子的发芽率可达80%以上。

食用 TIPS

紫苏苹果柠檬水

原料：紫苏叶、杏、苹果、柠檬。

制法：

① 将紫苏叶摘下洗净，控干水分后，用刀切成碎末。

② 将杏、苹果和柠檬洗净，去皮、去核，与紫苏叶碎末一起，压榨出汁。

③ 将榨出的汁直接倒入水杯内，即可饮用。

功效：此饮品有理气、散寒的功效，还可以缓解因贫血引起的不适症状。

益母草，
活血调经的"妇人仙药"

益母草为一年生或两年生草本植物，是一味很不错的中药。其制成药品后，能有效改善妇科疾病，还能起到很好的调理月经的作用，故人们称之为"妇人仙草"。

种植帮帮忙

花期： 益母草的花期为6~9月，开出的花有点类似于薰衣草，呈淡紫色。

水分： 益母草生长期间需要充足的水分，但日常养护时，也要避免盆内积水。

温度： 益母草喜温暖、湿润的气候，当气温保持在22~30℃时，种子可以发芽。15℃以下生长缓慢，0℃以下易遭受冻害，但在35℃以上仍生长良好。

光照： 益母草在光照充足的地方，会生长得很好。同时它也比较耐阴，但花期必须具备一定的光照条件。

追肥： 每次中耕除草后，要追肥1次，以施氮肥为佳，尿素、硫酸铵、饼肥或人畜粪尿均可。追肥时要注意浇水，切忌肥料过浓，以免伤苗。

防病： 益母草常见的病害为白粉病和锈病。白粉病可用50%的可湿性甲基托布津粉剂1000~1200倍液或80单位的庆丰霉素连续喷洒2~4次进行防治。锈病应在发病初期喷洒300~400倍的敌锈钠液或0.2~0.3度的石硫合剂进行防治，此后每隔7~10天喷洒一次，连续喷洒2~3次即可。

养护跟我学

1 将益母草种子撒播在土壤里，在温度与湿度适宜的环境下，不久就会长出嫩绿的小芽。

2 发芽后要适当地追肥、浇水，小芽渐渐地越长越多，也越长越壮了。

3 益母草开出了淡紫色的小花，在迎风招展的季节远远望去，真是美丽极了。

达人支招

　　将益母草作为盆栽观赏时，可依据盆径的大小，以每盆3～5株为宜。盆土可选用透水性较好的腐质土、田园土，略施底肥，依照地栽的播种方法进行。此外，盆栽植株应放置在通风、朝阳的阳台等处养护，并保持盆土湿润，才能使植株生长茂盛。

药食观察室

Q 我家益母草的叶片上有一些白色的斑点，有的叶片甚至出现了腐烂的情况，这是怎么回事啊？

A 益母草在种植期间可能会受到一些病虫害的威胁，若叶片出现腐烂的情况，可能是感染了菌核病。菌核病是对益母草危害极大的一种病，发病初期，要及时铲除病土，并撒上生石灰粉，同时喷洒65%的代森锌可湿性粉剂600倍液或波尔多1：1：300溶液。

食用 TIPS

益母草红枣茶

原料：益母草、鲜枣、红糖。

制法：

① 将益母草、红枣分放于两碗中，各加650克水，浸泡半小时。

② 将泡过水的益母草倒入沙锅中，大火煮沸，改小火煮半小时，用双层纱布过滤，约得200克药液，为头煎。药渣加500克水，煎法同前，得200克药液，为二煎。

③ 合并两次药液，倒入煮锅中，加红枣煮沸，倒入杯中，加入红糖融化，静置10分钟即可饮用。

功效：益母草性味辛甘、微苦，能活血祛瘀、活经利水，为妇科名药。和红枣一起制为茶饮，具有活血纤体、促进消化的功效。

蒲公英，
解毒利湿的草本家珍

蒲公英是一种非常顽强的植物，到了气候宜人的秋季，一颗颗蒲公英的种子便会恣意地漫天飞扬，随性地落在草地、田间，所到之处便是蒲公英们扎根的地方。待到蒲公英慢慢生长，一束束小花渐次绽放，这时就可以将它们采摘回来，熬煮成水或者制成药，既解毒又利湿。

种植帮帮忙

花期：每年的3~8月，蒲公英会开出黄色的花朵，花朝开夜闭，次日天暖温高会再次开放。

水分：播种后要及时浇水，并始终保持土壤湿润，才有利于蒲公英生长。

温度：蒲公英最适宜的生长温度为20~25℃，但也可耐-30℃的严寒，一般来说10℃以上即可正常生长。

光照：蒲公英是一种向阳植物，将其放在阳光充足的地方养护，即可正常生长。

修剪：家庭种植蒲公英一般不需要对其进行修剪，但如果生长过程中出现枯萎的枝叶，则需要剪掉。

防病：蒲公英的生命力及抗病能力较强，一般很少发生病害。

养护跟我学

1 | 2
1 | 3

1. 　　将蒲公英的种子栽种到花盆里，浇足水，然后将其放到凉爽通风的地方，不久就会发芽；发芽后，再将其放到阳光充足的地方养护。

2. 　　生长一段时间后，蒲公英的叶子长得越来越茂盛了，还开出了黄色的小花，这时需保持盆土湿润。

3. 　　待蒲公英花谢后，会结出种子，这时就可以采种用于播种了。

达人支招

① 种植蒲公英可选用大花盆或矮塑料盆；也可以到水果市场捡果贩扔弃的长方形竹箱，用塑料布将四周和箱底都垫上（底部留个孔），再到花市买些营养土装到竹箱内，浇足水，待表土稍干后即可开沟或挖出"老虎爪"状的穴坑播下种子。

② 播种当年一般不采叶，自第二年起，当叶基部长至10～15厘米时，可一次性整株割取。采割蒲公英时，要连根一起挖，可用镰刀或剪刀像割韭菜那样紧贴地皮割，好留根再出。如留作冬天药用，一定要晾干保存，防止发霉或虫蛀。

药食观察室

Q 我经常在野外看见许多蒲公英，想采集一些种子，该怎么做？

A 野生蒲公英一般5～6月开花，开花后种子成熟期短，一般13～15天即可成熟。若花盘外壳由绿色变为黄色，且每个花盘种子也由白色变为褐色，便说明种子已成熟，可以采收了。种子成熟后，很快会随风飞散，可以在花盘末开裂时抢收，这是种子采收成败的关键。

食用 TIPS

凉拌蒲公英

原料：蒲公英、黄瓜丝、胡萝卜丝、花生、白芝麻。

制法：

① 将蒲公英放入热水中焯一下，然后放入冷水中冷却并攥出水分。将花生碾碎备用。

② 将少许黄瓜丝和胡萝卜丝放入装有蒲公英的盘子中，加酱油、醋、盐、橄榄油、大蒜搅拌均匀。

③ 撒上花生碎和芝麻，即可食用。

功效：此道菜有清热解毒、消肿结散的作用。

鱼腥草，
中药中的天然抗生素

鱼腥草俗名折耳根，因带有一种特殊的"腥味"而得名。它是一种很常见的药食同源植物，人们常常把它采摘回来洗净，拌上葱、姜、蒜末，淋上醋和香油凉拌着吃，在炎热的夏季食用，还能起到消暑抗菌的作用呢！

 种植帮帮忙

花期： 每年的4～7月，鱼腥草会开出白色的小花，虽貌不惊人，却非常可爱。

水分： 在鱼腥草生长期间，要保持土壤湿润而不积水。

温度： 鱼腥草生长前期，适宜温度为15～20℃，地下茎成熟期，适宜温度为20～25℃。

光照： 鱼腥草偏爱湿润、阴暗的环境，比如池塘边的阴凉地或树阴下，它都可以健康生长，因而日常养护期间，不需要给予其太多的光照。

修剪： 对地上茎叶生长过旺的植株，要适当地进行摘心，以抑制长高，促进侧枝的生长。

防病： 鱼腥草常见的病虫害为白绢病，防治措施主要有：增施磷钾肥，加强管理，提高植株抗病力；若发病严重，需及时挖除病株，或每隔10天左右对病株喷1次2.5%的粉锈宁1000倍稀释液，连续喷施2～3次即可。

养护跟我学

①

1. 选取健壮枝条，截成12～15厘米长的一段，插扦于花盆中。插后注意浇水遮阴，不久就能长出嫩叶。

②

③

2. 植株越长越大了，应早晚浇水，并适当地施以氮肥。待苗高8～10厘米时，就可以开始采摘嫩茎叶了，以后每隔10～20天可采收1次。

3. 待到温暖的春、夏季节，鱼腥草开出了零星的白色小花，真是令人赏心悦目。

达人支招

如果食用嫩叶，可在7～9月分批采摘，但初夏不宜采叶，以免影响地下茎的产量；如果食用地下茎，可在当年9月到次年3月挖掘，先用刀割去地上茎叶，然后挖出地下茎，抖掉泥土，洗净后即可用来做菜食用。

药食观察室

Q 我从市面上买来几株鱼腥草种下了，可是好久才长出一两片叶子，长得这么慢到底是什么原因造成的？

A 可能是土壤过于干燥所致。鱼腥草喜欢湿润的生长环境，比如野生鱼腥草一般都会长在水源充足的田间。如果天气比较炎热，应将其挪到室内，避免阳光直射，并保持充足的水分供给，植株才会生长旺盛。

芍药，
女科之花

芍药一直以来被人们誉为"花仙""花相"，它可与"花王"牡丹媲美。芍药花不仅颜色多样，形状也多样。到了采摘季节，盛开的芍药花就能采来入药了，它不仅可以缓解经痛，还可以治疗妇女更年期综合征等，不愧为女科之花、女性良友。

种植帮帮忙

花期：芍药的花期为每年的5~6月，开出的花形似牡丹。

水分：芍药喜欢较为干燥的生长环境，故不需经常浇水。

温度：芍药喜温耐寒，是典型的温带植物，有较宽的生态适应幅度。在我国北方地区可以露地栽培，其耐寒性较强，在-46.5℃的极端低温条件下仍能正常生长开花；夏天适宜凉爽气候，但也颇耐热，最高温度达42.1℃时，也能安全越夏。

光照：若生长期光照充足，芍药能生长得十分繁茂且花色艳丽；花期可适当降低环境温度，同时增加湿度，以免其受到强烈日光的灼伤；若生长环境过于阴蔽，则会引起植株徒长、生长衰弱，导致其不能开花或开花稀疏。

修剪：植株生长期间，需把弱枝全部去掉，只留生长健壮且带一个花蕾的枝条。

防病：芍药常见的病害为锈病，症状为开花时从叶面开始出现淡黄褐色的小斑点，不久后扩大为橙黄色的斑点，而后散出黄色粉末，即孢子。染病后，芍药的枝、叶、芽、果实都会受到伤害。此病可定期喷洒500倍代森锌，或0.3~0.4度的石硫合剂进行防治，每隔10~15天喷洒1次，连续喷洒3~4次即可。

养护跟我学

①

1. 芍药多采用分株法繁殖，先细心挖起肉质根，尽量减少伤根，然后去除宿土，削去老硬腐朽处，用手或利刀顺自然缝隙处劈分，一般每株可分3～5个子株。

②

2. 将子株栽种在土壤中，以芽入土2厘米为宜，在温度和湿度适宜的情况下，不久就能成活。

③

3. 植株生长期间需定期施肥，到了夏初，芍药花蕾含苞待放，那迎风摇摆的姿势显露出无尽的风华。

达人支招

① 芍药喜疏松且排水良好的沙质壤土，在黏土和沙土中生长较差。若土壤含水量较高或排水不畅，则容易引起烂根。

② 植株生长期间，可适当增施磷钾肥，以促使枝叶生长得更茁壮、花开得更美丽。

药食观察室

Q 我家的芍药已经种植好久了，只看到花苞却不开花，这是怎么回事？

A 有句俗话说"春分栽芍药，到死不开花"，意思是说春天栽的芍药不容易开花，这是由于根系受伤或环境变化等原因造成的，所以开花的可能性很小。栽种芍药最好在头一年秋末进行，这样经过整个冬天的休眠与适应，到第二年春天就能花满枝头了。

白扁豆花，
消暑化湿功同扁豆

白扁豆花，顾名思义就是豆科植物扁豆开出的花。在炎炎的夏季将其摘下晒干做药，能起到健脾和胃及消暑化湿的功效。由于白扁豆对生长环境的要求不是很高，所以全国大部分地区都可以种植。

种植帮帮忙

花期： 白扁豆的花期为7～8月，开出的白色小花具有淡淡的清香。

水分： 白扁豆对水分要求不高，除播后两个多月需大量浇水外，后期耐旱能力很强。

温度： 白扁豆喜温怕寒，遇霜冻即死亡，生长适温为20～25℃，开花结荚最适宜的温度为25～28℃，若气温达35℃以上，花粉发芽力大减，易引起落花落荚。

光照： 白扁豆为短日照中光性作物，不需要太多的光照。

修剪： 待白扁豆的主蔓长有5～6片叶片时，则需要进行摘心，促使各叶腋发生侧枝；待侧枝长有3～4片叶片时，需再次摘心，促使各侧枝叶子上长出花梗，提早开花结荚。

防病： 白扁豆常见的虫害有蚜虫和红蜘蛛，若发现受害叶片，要及时摘除深埋，或喷洒0.5%～1%的乐果粉或1.5%的灭蚜粉剂，也可喷洒40%的乐果乳油2000～3000倍液。

养护跟我学

②

①

$1\dfrac{2}{3}$

③

1. 选择肥沃的土壤，施足底肥，将种子播入。在温度、湿度正常的环境下，15天左右会陆续出苗。

2. 白扁豆生长得很旺盛，当盆中的植株长到一定高度时可搭上支架。注意支架要牢固，且有一定的高度，还要具备透光性能。

3. 一段时间后，白扁豆终于开花了，这时便可开始采摘。

达人支招

① 白扁豆生育期长，必须及时追肥，追肥应掌握"重重轻"的原则，即前期、中期重以及后期轻，这样能使白扁豆藤壮而不旺，老健不衰。

② 白扁豆青荚一般在6月中旬开始采摘，前期和后期宜每隔5～6天采摘1次。

药食观察室

Q 梅雨季节，我种植的白扁豆根系腐烂了，出现这种情况该如何防治呢？

A 病因可能是盆内积水时间过长，使得土壤的通透性能变差，为病菌的大量繁殖提供了有利条件。防治措施有：播种时先用0.5％的多菌灵药液将种子浸泡4～6小时；发现个别病株后，应及早拔除，并用50％的多菌灵800～1000倍液浇灌根穴及周边土壤，防止病菌扩散、蔓延。

野菊花，
清热利咽的"药中圣贤"

野菊花外形与菊花相似，通常生长在野生的山坡草地或田边路旁。深秋时节，百花凋零，唯有菊花傲然怒放。唐代诗人元稹的诗词中就有"不是花中偏爱菊，此花开尽更无花"的描述，可见人们对菊花的喜爱。野菊花的药用价值很广，有治疗咽喉肿痛、降血压等功效。

种植帮帮忙

花期：野菊花通常在秋季开花，其花期较短。

水分：野菊花比较好养，对水分要求不高，只要保持土壤湿润不涝即可。

温度：野菊花喜温暖、干燥的环境，较耐寒，不耐高温，气温保持在15℃左右，植株生长会很旺盛。

光照：野菊花属阳性植物，在不同的生长发育阶段对光照的要求也不同。营养生长和发育阶段，需充足的光照；花蕾展开后，植株停止生长，这时就不再需要充足的光照了，可将其放在阴凉的地方养护。

修剪：为促使侧枝生长，植株每长15～20厘米就要将顶端摘去1次。若作为盆栽，每棵植株留4个侧枝即可。

防病：野菊花常见的虫害为蚜虫，从苗期到花期均有发生，多危害幼嫩茎叶。防治蚜虫可将呋喃丹从土壤根际施入，具体方法为：将菊株根际周围的表土先刨开，然后将3%的呋喃丹颗粒均匀地埋在周围，距主干20～30厘米，然后覆土、浇水。

养护跟我学

1 家庭种植野菊花多采用分根繁殖法。当幼苗长至10厘米时即可定植，稍稍镇压后随即浇水，以促进幼苗生长。

2 野菊花茎叶开始生长时需松土，以促使根系发育。在阳光的照射下，野菊花的长势越来越旺盛，几乎占满了整个花盆。

3 秋天来了，美丽的野菊花一朵朵竞相盛开。这时，可将蕾或花采下置于阴凉处，风干后食用或制成药。

达人支招

野菊花喜凉爽湿润的气候，且以土层深厚、疏松肥沃、富含腐殖质的壤土栽培为宜。幼苗期可适当增施过磷酸钙，进行根外追肥。

药食观察室

Q 我家野菊花叶片的背面呈灰褐色，甚至有的枝叶已经发黄，开的花也很小，这是怎么回事？

A 在野菊花的种植过程中，还有一种危害也是较为常见的，即菊叶螨。这种危害主要靠风力传播，或随浇水时浸染。防治这种虫害可喷洒0.2%的尿素，促使植株营养生长。此外，要经常检查植株，发现螨虫后，需及时喷药防治，常用药剂有20%的三氯杀螨醇乳油1000倍液，35%的杀螨特乳油2000倍液，80%的敌敌畏乳油1000倍液。需要注意的是，杀螨剂与有机磷应交替使用，以免螨虫产生抗药性。

食用 TIPS

野菊花养颜茶

原料： 野菊花、薰衣草。

制法：

① 将随手泡中的清水煮开。

② 用少量开水温公道杯和品茗杯。

③ 用茶则取出野菊花和薰衣草，依次放入随手泡中，泡3～5分钟。

④ 将滤网放在温好的公道杯上，再将茶汤倒出。

⑤ 取下滤网，把公道杯中的茶分入品茗杯中即可饮用。

功效： 野菊花有极好的润肺滑肠作用，可以帮助女性解决便秘困扰，排出体内毒素。所以，偶尔享用这样一杯香气浓郁的野菊花茶，就能收获理想的美容养颜功效。

无花果，
开胃止泻堪称"圣果"

别以为无花果不会开花，事实上，它是一种会开花的植物。维吾尔语称无花果的果实为"安居尔"，意为"树上结的糖包子"，乍一看，还真像个包子呢！无花果具有开胃、止泻等诸多功效。

种植帮帮忙

花期：无花果的花期很短，大概为1～2周，开出的花呈淡红色，隐藏在肥大的囊状花托里。

水分：生长期每天浇1～2次水，果实成熟后减少浇水的频率。入温室前浇1次透水，入室后基本不浇水。

温度：无花果不耐严寒，冬季气温低于−5℃时，植株易受冻害；地栽时不能忍受−10℃的低温，需要在根部培土防寒；生长适温为20～30℃，超过38℃也能正常生长。

光照：无花果喜光照，如果在种植期间给予其足够的光照，植株会生长得枝繁叶茂。

修剪：无花果要年年修剪。若扦插苗当年生长旺盛，顶端干枯，应立即剪去；第二年主枝高60～80厘米时，要剪顶，只保留顶端4～5个芽，其余芽均除去；第三年将新枝剪至12～15厘米长，每根侧枝留顶芽1～3个，全株留10个芽左右；每年7月，需对新梢摘心。

养护跟我学

① 选取1~3年生未曾发芽的健壮枝条，剪成长30~50厘米的插条，斜插入土，然后浇水保持土壤湿润，1个月左右即可生根成活。

② 幼树期间，需重点培养主枝，并注意抬高主枝角度，促进其多发枝条，以达到迅速扩大树冠的目的。

③ 待无花果树进入初果期后，需多培养枝组，以形成一定的果实产量。果实完全成熟后，就要防治病虫害了。

达人支招

① 家庭种植可于3月下旬至8月下旬进行施肥，最好选择有机肥料，这样结出的果实口感好，糖度高；也可施用化学肥料，但用量不要太大，以淡肥勤施为宜。

② 无花果适应性较强，宜在清明前后进行盆栽，这样长势会比较好；栽种过程中，建议每1~2年换一次盆。

药食观察室

Q 我扦插的无花果一开始长得挺好的，但把根部拔出来一看，有些根系已经腐烂了，这是怎么回事？

A 这种情况属于烂根。若土壤中水分过多，会导致细菌等微生物滋生，再加上盆土不透气，就容易出现烂根的情况。建议你把根部剪掉，换透气性好的营养土重新扦插，然后浇1次透水，且之后半个月内别浇水。

菠菜，

补血止血的

"蔬菜之王"

菠菜绿油油的叶子犹如鹦鹉的羽翼，而红红的根茎尖细如鹦鹉的红嘴，所以自古以来它就有个很好听的雅号——"红嘴绿鹦哥"。菠菜不仅味甜可口，且营养丰富，既能增强人体的抗病能力，又能促进人体生长发育，因而深受人们的喜爱。

种植帮帮忙

花期：菠菜一般在3～4月开花，其花期较长。如果种植环境温度过高、光照时间较长，容易导致菠菜抽薹且开花，开花后的菠菜茎叶一般不建议食用。

水分：菠菜喜水，不耐干旱，故种植期间要适当多浇水，让土壤表面湿润；温度较高时要早晚浇水；需要注意的是，雨季应及时排涝。

温度：菠菜最适宜的生长温度为20℃左右，其耐寒性很强，冬季气温在－1℃时，也可安全越冬。

光照：菠菜喜光照充足的环境，但不耐暴晒，养护期间需注意遮阴；若每天光照时间超过1～2小时，植株容易开花。

施肥：菠菜一般施氮肥，如五氧化二磷、氮化钾等；施肥时，切记不要将肥料撒在叶心里，以免将植株烧死。

光照：菠菜最常见的病害为白斑病，病症主要表现在叶片上，病斑呈圆形至近圆形，中间为黄白色，外缘为褐色至紫褐色，扩展后逐渐发展为白色斑。防治此病，可将植株放在通风的地方养护；也可在发病初期，喷洒30%的绿得保悬浮剂400～500倍液、1∶0.5∶160的倍量式波尔多液、75%的百菌清可湿性粉剂700倍液或50%的多霉进行防治。

1. 盆土浇透水后，将种子撒播于土面，然后覆土约1～2厘米，稍压实。大约1周后，就能见到种子发芽。

2. 菠菜幼苗生长较慢，待长出2片真叶后，长速开始加快，此时，需每隔1～2天浇水1次，保持土壤湿润。家庭种植，若浇洒淘米水，则菠菜的长势会更好。

3. 待到菠菜长至20～25厘米时，就可以采摘下来食用了。

达人支招

① 菠菜不耐干旱，故在其生长期应保持土壤湿润，夏季高温时需早、晚浇水。冬季下霜时，要注意防风防冻。

② 因为菠菜是叶菜中较为柔弱的一种蔬菜，故种植土壤必须松软，土粒要捣鼓细匀。

药食观察室

Q 我在冬天种了一些菠菜，可是长势极其缓慢，该怎么办呢？

A 首先要确定你是否选择了耐寒品种，如尖叶菠菜、菠杂10号、菠杂9号等。其次是要在日平均气温降到17～19℃时进行播种。播种后要保持土壤湿润，发芽出土后，还要进行一次浅锄松土，这样才能促进植株生长。

食用 TIPS

上汤菠菜

原料：菠菜、皮蛋、火腿以及油、盐、味精适量。

制法：

① 菠菜去黄叶并洗净；皮蛋剥壳切丁；火腿切丝。

② 锅内烧开水，将菠菜烫熟，捞出沥水后放入盘子。

③ 洗锅后倒入一碗高汤（清水也行）烧开，然后放入皮蛋和火腿继续煮，直至汤色变白。

④ 加入所有调料调味，再将上汤料淋在煮熟的菠菜上即可。

功效：菠菜有通肠润便的作用。这道菜肴口味清淡，营养丰富，非常适合老人和小孩食用。

生姜，
暖胃驱寒之首选

常言道："冬吃萝卜，夏吃姜。"这里的"姜"指的就是我们平时吃的生姜。多吃生姜不仅可以促进血液循环，还能扩张血管，帮助驱除体内的病菌和寒气。比如我们吃了寒凉之物或遭到雨淋后，将生姜与可乐同煮后饮用，能及时驱赶身体内的寒气。

水分： 生姜为浅根性作物，吸收力较弱，而叶片的保护组织也不发达，水分蒸发得快，所以不耐干旱，对水分要求严格。一般幼苗期生长缓慢，需水量少，旺盛生长期则需要大量水分。

温度： 生姜起源于热带森林地区，性喜温而不耐寒。在22～25℃的环境中，幼芽的生长速度较快，容易培育壮芽；而当温度达到28℃以上时，发芽虽快，但幼芽往往细弱且不够肥壮。

光照： 生姜为喜光耐阴植物，在其生长的不同阶段对光照的要求也不同：发芽期，需避光；幼苗期，需中强光，但不耐强光，应采取遮阴措施；生长旺盛期，植株自身互相遮阴，这时需保证较强的光照。

摘顶： 当主茎蔓生长至1.4～1.5米时，要对主茎和侧枝及时摘顶，控制植株营养生长；现蕾开花时，要及时摘除花蕾

（一般每隔10天需摘除1次），以减少养分消耗，促使养分向地下根状茎转移积累。

防病：生姜常见的病害有腐烂病和斑点病。发生腐烂病后要及时拔除病株，挖去带病菌土，并用干净无菌土填埋；斑点病发病初期，可喷洒50%的百菌清800倍液进行防治。虫害有姜螟和姜蛆，可向叶面喷洒敌百虫或辛硫磷进行防治。

养护跟我学

1. 选择肥大丰满、皮色光亮、肉质新鲜、质地硬、具有1~2个壮芽、重50~75克且无病害的老姜作种姜。

2 3/4

2. 先将半盆腐熟土掺500克腐熟的豆饼肥放在种植盆底层；继续装入腐熟土至种植盆的七八成满；将姜块放在土面上（姜芽朝上或放平均可），轻压后，覆2~3厘米腐殖土，浇透水，不久就能成活。

3. 于晚秋到早春生长季，将月兔耳的侧枝切取下来，晾晒1~2小时后，直接扦插于培养土中；侧枝扦插后很容易生根存活，但生长较为缓慢。

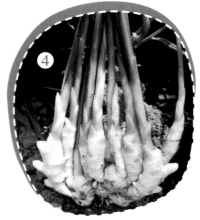

4. 待生姜长出4~5片真叶后，每隔2周施1次肥。一个月后，你会发现生姜叶子越长越高了。

达人支招

① 生姜需肥量大，除施足基肥外，还应及时追肥。发芽期不需追肥，苗高30厘米、发1~2个分枝时，需追1次壮苗肥，生长旺盛期需追施转折肥，同时进行第1次培土，此后可结合浇水进行第2、3次培土。

② 种植生姜宜选择紫砂盆、釉盆或白色塑料盆，盆底要带排水孔，口径要在30厘米以上。

药食观察室

Q 种植的生姜长出叶子后有些发黄，该怎么解决？

A 这可能是由于土壤积水所致。可以尝试改善一下土壤环境，保持土壤疏松，及时排除积水，避免根系无氧呼吸，不久，叶子自然就能恢复健康的颜色。

食用 TIPS

生姜止咳化瘀茶

原料：生姜、祁门红茶、蜂蜜。

制法：

① 将生姜切成小块，放入随手泡，加水煮。煮开后，放入祁门红茶再煮3分钟，之后冷却。

② 将煮好的茶汤倒入玻璃杯，等水温降至约70℃时，往杯中加蜂蜜，一杯生姜止咳化痰茶就泡好了。

功效：生姜味辛、性温，这道茶有发汗、止咳、解毒等作用。

枇杷，

润肺止咳的"果中之皇"

枇杷，是一种酸甜可口的水果，因形似乐器"琵琶"而得名。枇杷的花和果实都可入药，具有润肺、止咳等功效。

种植帮帮忙

花期： 枇杷树冬季开花，花期较长，全树从花苞到花谢需100天左右。枇杷树不但花期长，且花量较大，一般10月至11月开头花，12月至次年1月开放二花。

水分： 枇杷树生长期间需水量较大，春季与秋季天气较干燥，每天要浇1次透水。夏季天气炎热干燥，每天要浇2次水（早晚各1次），才能满足生长需要。

温度： 幼果期，生长适宜温度为10～20℃；幼果快速发育期，白天温度需保持在25℃以上，但不能超过35℃；果实着色成熟期，白天温度宜保持在25～30℃，夜间温度需保持在7～10℃。

光照： 枇杷树对光照要求不严，属喜光耐阴树种。幼苗期喜欢散射光，成年树则需要充足的光照，有利于花芽的分化和果实发育。但在果实由绿转黄时，果面受到强烈的阳光直射后容易引起日灼，此时应采取遮阴措施以保护果实。

修剪： 枇杷幼年树（1～3年）一般不修剪；成年树需在春、夏季节修剪掉部分老枝、衰弱枝、密生枝和徒长枝。

养护跟我学

2
幼苗渐渐长大成了枇杷小树，当枇杷树开始抽枝时，会长出一些新的枝叶，这时应对侧枝做一定的修剪。

3
10月至翌年1月，枇杷树就会开花，开出的白色花朵一簇一簇的，非常好看。

1
枇杷以播种繁殖为主，可于6月采种后立即进行。将种子直播在土壤中，细心呵护下就能长出嫩绿的小苗。

4
待到5～7月，树上会慢慢地结出小枇杷；几天后，小枇杷会变得黄橙橙的了，喜气洋洋地挂在枝头，摘下来一尝，酸酸甜甜的。

达人支招

① 枇杷树开花前一定要施花前肥，因为树体经过萌发、花芽分化后，消耗了较多的养分。一般花前肥可施用尿素与复合肥。

② 枇杷树冬季很容易因低温霜冻侵袭而大量落花落果。在寒流来临之前，可用稻草将树盘掩盖，草厚3～5厘米，可防止杂草滋生，杂草腐烂后又可增加土壤有机质，起到保温保肥、保护地下根系的作用。

药食观察室

Q 我家枇杷树的叶子好像被虫子吃掉了，有什么方法能够解决？

A 可能是感染了黄毛虫病，黄毛虫的幼虫主要以咬食枇杷叶片为害。当黄毛虫大量滋生时，可用药剂防治，此时应注意两点：一是选用无公害农药；二是成年结果树与幼年苗木的用药时期不同。枇杷黄毛虫第1代幼虫发生期正值成年枇杷树果实成熟期，所以不宜用药防治；而幼年苗木重点是防治枇杷黄毛虫第1代幼虫，药剂可选用5%的鱼藤酮乳油1000倍液或2.5%的天王星乳油3000倍液等。

萝卜，
顺气止酸促消化

我们都知道，人参是一种较为珍贵的药材，体弱多病者往往通过服用人参来调理身体。而在民间，白萝卜一直以来都被誉为"土人参"，可见其食用功效之大。从中医角度来说，日常饮食多吃萝卜，有顺气、止酸、促消化等作用。

种植帮帮忙

花期：萝卜的花期为每年的4~5月。开的花多为白色，呈十字形，一般主枝花先开，然后每枝自下而上逐渐开放。

水分：萝卜发芽期要充分浇水，才能保证出苗快而齐；幼苗期根系浅，故应掌握少浇勤浇的原则；叶、根生长期需水量较大，要始终保持土壤湿润，植株才能苗壮成长。

温度：萝卜喜冷凉气候，较耐寒，最适宜的生长温度为20~25℃。

光照：在阳光充足的环境中植株生长健壮，萝卜质量好；光照不足则植株生长衰弱，叶片薄而色淡，肉质根形小、质劣。

施肥：前期可只在土层表面施肥，肥料不宜太浓或堆积在根部；生长晚期不宜施肥，以免引起萝卜根部破裂或生苦味。

防病：萝卜发病先从外叶开始，症状为叶面出现淡绿色至淡黄色的小斑点，扩大后呈黄褐色，受叶脉限制成多角形；环境潮湿时，叶背面出现白霉，严重时外叶枯死。药剂防治可向叶面喷洒72%的霜脲锰锌可湿性粉剂600～800倍液、69%的安克锰锌可湿性粉剂1000倍液或72.2%的普力克600～1000倍液等。

养护跟我学

1. 将种子播于疏松肥沃的培养土上，不久便看见白萝卜嫩芽零星地点缀其间，早晚给这些嫩芽浇水，保持土壤的湿润，才有利于其健康生长。

2. 嫩芽在汲取充足的养分后长成了蓬勃的一片，此时要给予充足的光照。

3. 播种后60～70天，锯状叶片越来越大，将其扒开，可以发现隐藏在下面的白萝卜，这时就可以开始采摘了！

达人支招

① 如果是在阳台、天台或庭院种植萝卜，可选用陶盆、瓷盆、木箱、塑料箱等，耕层深度以40~50厘米为宜。

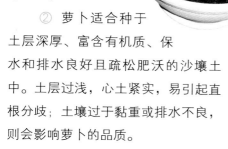

② 萝卜适合种于土层深厚、富含有机质、保水和排水良好且疏松肥沃的沙壤土中。土层过浅，心土紧实，易引起直根分歧；土壤过于黏重或排水不良，则会影响萝卜的品质。

③ 萝卜成熟后，要及时采收，否则容易老化空心。

药食观察室

Q 我种的萝卜肉质根分叉了，这是怎么回事？

A 有可能是种子发育不良或者日常管理中损伤了根尖所致。解决方法是：要选用生命力强的萝卜品种，然后保持土壤疏松和湿润，防止忽干忽湿或过于干燥。此外，追肥时不要离根系太近或过于集中，以免伤根。

食用 TIPS

萝卜豆鸭汤

原料：萝卜、鸭肉、黄豆以及黄酒、盐适量。

制法：

① 将萝卜洗净、去皮，切成块备用。

② 将清水、姜末、黄酒、鸭肉、黄豆放入砂锅内，用旺火烧开。

③ 撇净浮渣，用小火炖半小时。

④ 放入萝卜块炖约20分钟，然后加调料调味即可。

功效：这道汤品能润肺顺气，且具有一定的美容功效，可谓一举两得。

金银花，
清热解毒之花

　　金银花，又名忍冬，是一种常见的药食同源植物。盛夏金秋之际，如喇叭般的白色金银花散发出迷人的香味；随着时间的推移，那盛开的花儿逐渐由洁白变成了金黄，此时就可以开始采摘了。采摘下的花朵及嫩叶可泡茶饮用，有祛暑解毒的功效，是夏季理想的"保健饮料"。

种植帮帮忙

花期：每年4~5月是金银花盛开的季节，花期可持续15~25天左右，有的品种可长达30天左右。

水分：金银花的抗旱能力极强，但生长期宜轻浇并勤浇水，盆土宜保持湿润状态，这样植株才能生长旺盛。

温度：金银花喜温暖的气候，一般在11~25℃的气温条件下都能生长，当气温高于38℃或低于-4℃时生长会受到影响。

光照：金银花是喜光的藤本植物，若光照充足则植株健壮，若光照不足则枝梢细长且叶小。所以平时应置于向阳处养护。

防病：金银花常见的病害为根腐病。若发现病株还未长成成株，可进行销毁，若病害较严重，可用敌克松100倍液淋植株根部。

1. 金银花多用播种和扦插的方法繁殖，若选择扦插法，可选取健壮且无病虫害的1～2年生枝条，将其截成30～35厘米长的一段，然后分散形斜立着埋入土内，注意遮阴保湿，不久就能成活。

养护跟我学

2 | 3
— | —
  | 4

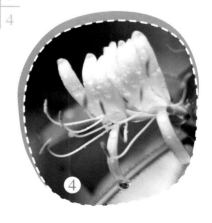

2. 待小苗渐渐长大后，需施肥、换盆。此后，于谷雨、芒种、大暑等节气，在土壤中撒些饼肥干粉即可。

3. 当金银花长到枝繁叶茂时，要对枝叶进行适当的修剪，可使植株长得更好。

4. 美丽的金银花终于盛开了，可在晴天早晨露水刚干时摘取花蕾，然后晒干或阴干即可。

达人支招

① 金银花对土壤要求不高，但以湿润、肥沃的沙壤土为最佳。

② 金银花的种植方式多种多样，新手种植可采用种子繁殖的方式。种子繁殖需在4月播种，播种前要先把种子放在37℃的温水中浸泡1天。然后将泡好的种子捞出后，放在湿润的沙子里，可以使种子尽快发芽。当种子表面有裂痕的时候，就可以播种了。

药食观察室

Q 我种的金银花为何总是落叶，甚至落花、落蕾？

A 通常土壤供水不足，常是造成植物非正常落叶，乃至落花、落蕾的主要原因。相反，如果盆土过湿，妨碍土壤通气，土层内供氧不足，影响根系呼吸活动，也会导致植株地上部落叶。所以平时浇水应把握好量，做到"见干见湿"即可。

食用 TIPS

金银花茉莉茶

原料：金银花、茉莉花。

制法：

① 往随手泡中注入水，加热煮开后先温玻璃杯。

② 用茶则取出茉莉花，放入随手泡中开始煮。

③ 在玻璃杯内放入金银花。待茉莉花在水中舒展开来后，关掉随手泡的开关。

④ 将随手泡中的茶凉至90℃，倒入玻璃杯中，一杯提神解乏的茉莉金银花茶就泡好了。

功效：金银花既能宣散风热，又善清解血毒，搭配茉莉花一起饮用，对各种热性病如身热、发疹、发斑、热毒疮痈、咽喉肿痛等症，均有显著效果。

正能量花草：

天然调理食材助你健康排毒

红枣，

补气又补血的"女人之宝"

红枣，一直以来深受人们的喜爱。捧上一颗又红又大的枣，轻轻咬一口，就能甜到心里。红枣富含多种营养成分，能帮助人体补充各种维生素；从中医角度来讲，它也是女人们补气补血的滋补佳品。

 种植帮帮忙

花期：枣树的花期比较长，一般是5~8月开花，由于开的花较多，营养消耗非常大，加之花芽分化与抽生结果枝、坐果同步进行，营养需求较大。因此，要加强枣树花期管理，补充营养。

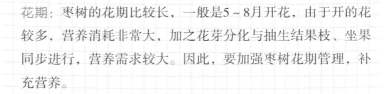

水分：家庭种植枣树一定要按照需求和季节来确定浇水量和浇水时间。如天气干旱、气温高，应勤浇、多浇水；若树体小、枝叶量少，应少浇水，反之则应多浇水。早春与晚秋应在午后气温较高时浇水，夏季应在上午10时前或下午4时后浇水，以免盆土温度变化剧烈，影响根系生长。

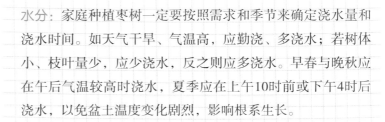

温度：枣树喜温，生长发育期间要求较高的温度。春季适宜萌芽的温度为13~14℃；适宜抽梢和花芽分化的温度为18~19℃；开花的适宜温度为23~25℃；果实生长发育期间，适宜温度为24~25℃；秋季气温降至15℃以下时，开始落叶；枣树在休眠期较耐寒。

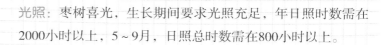

光照：枣树喜光，生长期间要求光照充足，年日照时数需在2000小时以上，5～9月，日照总时数需在800小时以上。

修剪：枣树一定要修剪，但是修剪要适度。幼树时期，需对多余的杂枝进行修剪；果期应适当修剪重叠枝、交叉枝、过密枝和病虫枝等，以保持冠内枝条疏密适中。

防病：枣树常见的病虫害主要有枣步曲和枣黏虫等。枣步曲幼虫可用75%的辛硫磷1000倍液、50%的马拉硫磷1000倍液喷杀；枣黏虫可喷施青虫菌、杀螟杆菌等微生物农药200倍液进行防治，防治效果可达70%～90%。

养护跟我学

$\dfrac{\begin{array}{c}2\end{array}}{3}$

1 | 2
1 | 3

1. 春天将幼苗定植在阳台上的花盆里，过不了多久枝条上就长出了不少绿芽来。

2. 枣树开出了像五角星一样的黄色小花，似乎在一夜间就开满了枝丫。

3. 到了秋季，果实渐渐由青色转为黄色，再慢慢地变红，这时摘一颗红枣下来，吃一口，爽脆甘甜，好吃得不得了。

达人支招

① 盆土的持水量太低会影响枣树的正常生长和发育，故为了保持树体的正常发育，每次浇水必须浇透，土壤的持水量达65%～75%为宜。花期，枣树对水分相当敏感，此时，要适时向叶面及周围喷水，以保持较高的空气湿度，促使坐果。

② 施肥主要以基肥为主，追肥为辅。前期追肥以氮肥为主，最好在枣树发芽前施用，才能使枝叶更加繁茂；后期追肥以磷、钾肥为主，配合氮肥，最好在幼果期使用，以满足果实发育和根系生长的需要，增进果实的品质。

药食观察室

Q 我家的枣树叶小、色暗，呈黑绿色，不抽新枝；经太阳暴晒后，叶片萎蔫，有的甚至枯萎，这是怎么回事？

A 可能是这两种情况所致，如移栽前失水过多或者浇水不到位。解决这些问题，需在枣树苗移植前做好保护措施，严禁风吹日晒，以免失水过多。此外，充足的水量是枣树栽植成活的基本保障。除栽植时要大水浇足外，缓苗、生长期也要及时浇水补墒。

食用 TIPS

红枣黑豆炖鲫鱼

原料：红枣、黑豆、鲫鱼、姜片、盐等。

制法：

① 红枣洗净去核备用；黑豆洗净，用小火炒至豆壳裂开后捞出。

② 鲫鱼宰杀处理干净，热锅加油，放入鲫鱼煎至金黄色后捞出。

③ 砂锅加适量清水，放入处理好的红枣、黑豆、鲫鱼、姜片，大火煮开后小火煲30分钟，最后加盐调味即可。

功效：这道菜能清热安神、养心补血。

绿豆，
夏日的消暑"冠军"

绿豆，在我国已经有两千多年的栽培历史了，是我国人民的传统豆类食物。绿豆既可以做粮食、蔬菜，又具有非常高的药用价值，有"济世之食谷"之说。炎炎夏日里，绿豆汤更是老百姓最为喜爱的消暑解渴饮品。

种植帮帮忙

花期：绿豆的花期为6~7月，开淡黄色的小花，模样可爱极了。

水分：绿豆耐旱，但苗期还是需要一定的水分，花期前后需水量会增大。

温度：绿豆喜温，气温在8~12℃时就可以发芽，最适宜的生长温度为25~30℃。

光照：绿豆为喜光的短日照植物，具有光期不敏感的特性。在光照12~16小时的条件下，60%的绿豆都能开花。

采收：当绿豆荚渐渐成熟变黑时，可以分2~3批进行采收，也可以等80%的荚果变黑后一次性收获。收获的种子需放在干燥、通风、低温的环境下贮藏。

防病：绿豆最常见的病虫害为蚜虫，若遭遇虫害，应及时喷洒40%的氧化乐果800~1000倍液。

养护跟我学

1. 随手在阳台的花盆里播撒了一些绿豆种子，不想很快就长出了嫩绿色的小苗。

2. 绿豆的叶子一天天长大，并慢慢地开出了黄绿色的小花。

3. 绿豆结荚了，一串串长长的豆荚鼓鼓的，终于可以收获绿豆啦！

达人支招

绿豆的根瘤有固氮的能力，但增施农家肥和磷、钾肥有增产的效果。施农家肥可在播种前一次施入，施后耕翻盆土。如果来不及施入底肥，在生长前期要施入一定数量的氮、磷肥，以增强根瘤固氮的能力，并促进花芽分化。总的来说，追肥应以有机肥为主，无机肥为辅，将两种肥料混合施用即可。

药食观察室

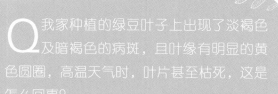

Q 我家种植的绿豆叶子上出现了淡褐色及暗褐色的病斑，且叶缘有明显的黄色圆圈，高温天气时，叶片甚至枯死，这是怎么回事？

A 出现此种情况，说明植株感染了绿豆叶斑病。预防此病，可选用无菌抗病绿豆品种进行种植，比如秦豆4号、秦豆6号、中绿1号等。如果种植的绿豆已经感染此病，可在发病初期喷洒70%的代森锰锌500倍液、41%的特效杀菌王2000倍液或20%的蓝迪500倍液，每隔7～10天喷洒1次，连续喷洒2～3次，即可有效控制病情。

米兰，
疏风清凉又醒酒

米兰是一种多年生观赏植物，开出的花与茉莉花大小相仿，呈金黄色，给人一种小家碧玉的感觉。米兰花不仅独具观赏价值，也有较好的药用价值，用它泡出的花茶所散发的芬芳不仅能够提神，还有醒酒的功效呢。

种植帮帮忙

花期： 米兰的花期为每年的6～10月，水分充足的话，可终年开花不断。

水分： 夏季是米兰生长发育的旺盛期，此时植株需水量较大，一般每天需浇1次水。若早晚向叶片喷洒一点水分，并适当淋水，米兰花的香气会更加浓郁。

温度： 米兰最适宜的生长温度为20～35℃，温度越高，开出的花越香。

光照： 米兰喜温暖环境，宜摆放在通风良好、阳光充足的地方养护，花期应保证其每天接受8小时的光照。

修剪： 米兰四季都可剪枝，春季重点修剪多生侧枝，可使株形更加丰满。

防病： 米兰常见的病虫害主要有煤烟病和蚜虫。治疗煤烟病需改善种植环境，或喷洒70%的甲基托布津1000倍液。至于蚜虫，若量少，可用小毛刷人工刷除。

养护跟我学

1. 选择直径为10厘米左右的小盆，在盆底铺上沙土，并加入草木灰、腐叶土作为培土，然后植入米兰幼苗。

2. 将植株置于阴凉处养护，而后逐渐加强光照，小苗渐渐长成郁郁葱葱的一片，这时需适当修剪，以增强植株的通风性。

3. 米兰花开了，香气馥郁。整个花期都应将植株置于光线充足的地方养护，且每月都要追肥，孕蕾期以磷肥为主，开花期以氮肥为主。

达人支招

① 由于米兰的花期较长，开花的次数较多，故每开过一次花后，都要追施充分腐熟的液肥2~3次，这样才能保证米兰不断开花。

② 盆栽米兰，要保证排水通畅，浇水标准需根据气候的干湿情况而定，既要保持盆土湿润，又不能让水分过多。若盆土过干，叶片容易出现萎缩的情形，只有维持较高的空气湿度，才有利于植株生长。

药食观察室

Q 我家种的米兰香味不浓，而且叶片总是脱落，该怎么办？

A 这是由于日常管理不当造成的。第一，米兰生长期间，应安放在通风良好、半遮阴的场所，通风较差以及长期光照不足，便会导致落叶。第二，不宜多施氮肥，应施用腐熟的肥料，还应经常保持叶面清洁，尤其要防油烟污染；第三，秋季需推迟入室，以锻炼植株的御寒能力，清明后再将植株移至室外进行养护。

迷迭香，
芬芳扑鼻安神气

夏季里的迷迭香，开出了蓝色的小花，如水滴一般，所以，在拉丁文中，迷迭香是"海洋之露"的意思。此外，迷迭香直立的植株、灰色的叶片、松木般的香味，也都能使人感觉无比舒畅。

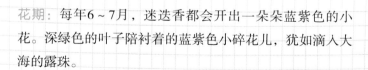
种植帮帮忙

花期： 每年6～7月，迷迭香都会开出一朵朵蓝紫色的小花。深绿色的叶子陪衬着的蓝紫色小碎花儿，犹如滴入大海的露珠。

水分： 迷迭香的叶片耐寒能力较强，但是怕涝，水分过多会导致叶片腐烂，所以浇水要适量。

温度： 迷迭香喜欢温暖的气候，发芽适温为15～20℃，生长期最适宜的温度为25～30℃。

光照： 迷迭香喜光。若光照不足，会出现生长不良的情况。

修剪： 迷迭香种植后要摘心，待侧芽萌发后还需摘心2～3次，这样才能使植株低矮而丰满。

防病： 在潮湿的环境下，根腐病和灰霉病是迷迭香最常见的病害。若遭遇病害，注意疏风排湿，或喷洒多菌灵、敌克松、甲基托布津、雷多米尔等药物。

养护跟我学

1

选取新鲜健康且尚未完全木质化的茎作插穗，从顶端算起，于10～15厘米处剪下，去除枝条下方约1/3的多余叶片，再将枝条栽种在沙质土壤里，浇透水。

2

将其置于阴凉通风处，注意不可施肥，要避免冷风吹袭，慢慢地迷迭香生根成活了。生长期间一定要适当施加1～2次复合肥，以促使植株生长。

3

迷迭香生长得越来越旺盛了，这时需对顶端进行适当的修剪。

4

待迷迭香开出蓝紫色的小花时，就可以采摘了。采摘时最好戴上手套。

达人支招

① 夏天最好在早晚时分浇水，因为在温度较高时浇水或浇水后仍有阳光直射，很容易引起蒸腾现象，增加植株表面的温度，加快水分的蒸发，长此以往，会导致植株死亡。

② 迷迭香生长速度缓慢，这意味着其再生能力不强，故修剪采收时必须特别小心，若强剪会导致植株无法再发芽，比较安全的做法是每次修剪时不要剪掉超过枝条长度的一半。

药食观察室

Q 我种植的迷迭香出现了烂根的情况，该如何处理？

A 可将植株从花盆中脱出，挑去外围宿土，找出烂根部位，用剪刀从基部将其剪断，并用0.1%的高锰酸钾溶液给伤口消毒，或用干净的草木灰敷贴创口，然后换盆栽种。

苦瓜，
清热解毒之首选

苦瓜，因具有苦味而得名，虽然它"貌不惊人"，但其富含的营养价值却远远超出你的想象。尤其是夏季里多吃苦瓜，不仅可以清热解毒，还可以消除身体多余的脂肪。

种植帮帮忙

花期： 苦瓜的花期为6~7月，果期为9~10月。花开时，正值春夏之交，百花争艳中，黄色的苦瓜花悄悄地绽放，虽然普通，却依然抬起头，笑盈盈地素面朝天。

水分： 苦瓜生育期长，采收期长达3个多月，因此要保证充足的水分供应，特别是进入盛果期，如遇干旱应多浇水，如遇连阴雨，则应注意排涝。

温度： 苦瓜喜温暖的气候条件，最适宜的生长温度为20~30℃。

光照： 苦瓜对光照要求不严，但如果苗期光照不足，就会降低植株的抗寒能力和抗病能力。开花结果期，充足的光照有利于茎叶生长和坐果率的提高。

防病： 苦瓜常见的病害为穿孔病，发病时主要危害叶片。防治此病，可选用抗病品种种植，并结合50%的安瑞克800倍液进行喷雾。

养护跟我学

1. 　将种子种到肥沃的土壤里，在保温、保湿的环境下幼嫩的瓜苗很快就长出来了。

$2 \begin{array}{|c} 3 \\ \hline 4 \end{array}$

2. 　随着光照的加强，叶片一天天长大了，瓜藤也努力地向上攀爬，到处是生机蓬勃的景象。

3. 　清晨的朝阳下，苦瓜开出了一朵朵金灿灿的花，这些花凋谢后就进入了结果期。

4. 　待瓜皮上长出瘤状物时，说明果实已经成熟，此时收获最适合不过了。

达人支招

① 种植期间，需保证充足的水分供给，尤其是开花结果期，植株需要的水分更多；但切忌长时间积水，同时浇水也不要太过勤快，以免导致营养生长过剩。

② 施肥的时候要以腐熟的肥料为主，追肥要以腐熟的人畜尿为主，每周施1次。

药食观察室

Q 我家的苦瓜叶缘和叶背出现了水浸状不规则病斑，且病斑正在逐渐扩大，呈多角形淡褐色斑块，该怎么解决呢？

A 出现上述症状，说明苦瓜感染了霜霉病。发病初期，可喷洒25%的嘧菌酯悬浮剂1500～2000倍液进行防治，视病情隔5～7天施药1次即可。

食用 TIPS

苦瓜酿肉

原料：苦瓜、肉馅、胡萝卜、葱、姜。

制法：

① 将苦瓜洗净，切成2厘米左右的圈状，去籽。

② 胡萝卜和姜去皮、切末；葱洗净切末；将上述材料放入碗中，加肉馅及调味料搅拌均匀后，填入苦瓜内，盛在盘中。

③ 锅中倒入适量麻油烧热，爆香姜末，加适量水煮滚后，淋在苦瓜上，再连盘放进蒸锅里蒸15分钟后取出即可。

功效：苦瓜虽然味苦，但能够起到清热解毒的作用。

柑橘,
调理脾胃的保健之果

柑橘是最常见的水果之一,其果肉酸甜适中,不仅味美,且富含多种维生素,能很好地帮助人们调理脾胃。家庭种植柑橘树,不仅外形美观,且又是吉祥的象征,寓意美好,一举两得!

种植帮帮忙

花期：柑橘一年只开一次花，花期为每年的5月左右。

水分：柑橘在生长发育期间需要较多的水分。春季要适量浇水；夏季光照强，温度高，需要的水分较多，但要注意适量，以免导致落果；秋季为秋梢生长、果实迅速膨大期，必须要有充足的水分；晚秋与冬季为花芽分化期，盆土要偏干些。

温度：柑橘最适宜的生长温度为23～29℃，若气温超过35℃，植株将停止生长，低于－2℃，植株易受冻害；夏季养护，一般不需要降温，霜降前入室，清明后出室，植株可安全越冬。

光照：柑橘为喜光植物，但若阳光过分强烈，会导致植株生长发育不良。所以，最好是将其放在半阴环境中养护。

修剪：可疏除树冠内部过密的直立大枝和无果徒长枝，将树高控制在3米以下，以便让每一个果实都享受到阳光。

防病：柑橘在花期易遭受红、黄蜘蛛及疮痂病的侵袭，这些病虫害集中危害新老叶片和花，干扰光合作用，造成花蕾营养供应失调，影响花质和坐果率。发现红、黄蜘蛛时，可用杀螨剂普治或挑治；疮痂病严重时，春梢抽生期、花谢3/4时及幼果期，应喷施杀菌剂。

养护跟我学

1 将柑橘嫩枝扦插于花盆中，适当浇水以保持土壤湿润。经过一段时间后，终于长出了嫩绿的叶片。

2 慢慢地，柑橘树苗越长越大，春末夏初之时，柑橘树开花了，那白色的小花迎风而立，好像亭亭的少女。

3 不经意间花谢了，嫩绿的叶片间冒出了一颗颗青色的果实。这时要让果实接受充分的光照。

4 果皮的颜色由青变黄，说明已经成熟了，赶紧采摘下来尝一尝吧！

达人支招

① 为了减少落叶、保花保果，可对柑橘树进行根外追肥。在发芽前、春梢叶片转绿期、花谢后，分别用0.3%的尿素加0.2%的磷酸二氢钾和芸苔素8000～10000倍液等喷洒叶面即可。

② 因为柑橘树比较不耐热，所以在花期，要随时掌握天气的变化。当气温达到32℃时，应将柑橘树移至阴凉的地方，并每天浇上足量的水，这样能有效预防因高温导致的柑橘异常落果的情况。

药食观察室

Q 花盆里的柑橘已经结果了，可为什么会掉叶子呢？

A 可能是因为没有掌握好浇水的量。若给柑橘树浇水过多，则容易导致霉根，浇水过少则会导致掉叶。结果后植株消耗的水分比不结果时要多，所以应把握好浇水量。

柠檬，
调节免疫力的
维C果王

柠檬，口味极酸，具有特殊的清香，它不仅可以用来泡茶，也可以入药，其富含的维生素C有美白肌肤的功效，还能调节免疫力。历史上，柠檬还起到过更大的作用——15世纪，英国海军曾用柠檬预防坏血病，英国水兵也因此有了"柠檬人"的雅号。

种植帮帮忙

花期：在我国，柠檬开花的时间不集中，但通常为4~7月。

水分：柠檬在生长发育期需要较多的水分，但水分过多又容易烂根，所以为其浇水要根据季节的变化来进行，如春季天气凉爽，要适量浇水；夏季温度高，需要的水分较多，要适时适量；而秋季是果实迅速膨大期，此时必须保持充足的水分；晚秋与冬季要少浇水，使盆土偏干，才有助于柠檬顺利越冬。

温度：柠檬最适宜的生长温度为23~29℃，若气温超过35℃，植株将停止生长，低于-2℃，植株易受冻害。

光照：柠檬为喜光植物，故应将其放在光照较为充足的地方养护；但要注意避免阳光过分强烈，否则会导致植株生长发育不良。

修剪：对柠檬进行修剪一般可分为冬剪与夏剪。冬剪应本着"删密留疏，去弱留强"的原则，剪去枯枝、弱枝和徒长枝；夏剪在无结果树上主要是剪去过长的枝梢和衰退的枝条。

防病：柠檬常见的病害为绿霉病，发病初期，果皮表面变软，出现水渍状斑，随着病斑的扩展，病部长出白色菌丝，并很快转变为青色或绿色的霉层。从开始发病到全果腐烂只需要1～2周。用pH为11.5～12.0、浓度为2%的邻苯基酚钠水溶液，或1%的邻苯基酚钠蜡水溶液喷雾，可防治此病。

养护跟我学

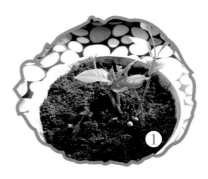

1. 将种子洗净晾干后埋在花盆里，要不了多久，就会长出嫩绿的柠檬叶。

2. 慢慢地植株越长越高，在宽大的绿叶间还会看到密集的淡黄色小花和青色的小果实。

3. 青色的小果实慢慢长大并变成黄色，并散发出柠檬的香味，这时就可以采摘了。

达人支招

① 盆栽柠檬在3~4月必须翻盆换土。若花盆太小，可换合适的花盆；若花盆还较为合适，可原盆换上新土。换盆换土时应施底肥。

② 植株开花前和挂果后，往往会消耗掉许多养分，因此要多次给柠檬树追肥。每月施多元素花肥1次，每半月喷花卉营养液1次，能保证果实不易脱落，且个大色亮。

药食观察室

Q 我种的柠檬一直不开花，是什么原因造成的呢？

A 要想促进花蕾的形成，就得在处暑前对盆栽柠檬进行"扣水"处理。具体做法是，在处暑前10余天对盆栽柠檬的供水逐渐减少；前5天停止供水，盆土经日晒变得十分干燥，植株因水分缺乏而使得叶片干瘪、卷曲。为防止叶片脱水，可于早、晚向叶面喷水，同时也可向盆土喷少量水，使柠檬处于既干旱又不至于枯死的条件下，其腋芽反而日益膨大，芽色由绿转白，当大部分腋芽由绿转白时，"扣水"促花就成功了。此时要及时恢复给盆栽柠檬供水。

食用 TIPS

柠檬黄瓜泡菜

原料：柠檬、黄瓜、枸杞子、大蒜、白糖、盐。

制法：

① 将柠檬切开、榨汁，加入白糖、盐调汁备用。

② 黄瓜去皮、切条，加盐腌3分钟备用。

③ 大蒜切片、枸杞子泡发备用。

④ 将黄瓜条及配料泡入调好的柠檬汁中，腌制30分钟后即可食用。

功效：炎热的夏季用柠檬入菜，可补充大量维生素，既美白祛斑，又生津解暑。

黄豆，
高蛋白的"豆中之王"

俗语说"种瓜得瓜，种豆得豆"，这里的豆也可以用来形容黄豆。种植黄豆相当简单，将种子直播在土里，待其发芽、开花、结豆即可。收获的黄豆通常被制成豆制品或是榨成豆浆，经常食用，不仅能补充人体所需的植物蛋白，还可以延年益寿！

种植帮帮忙

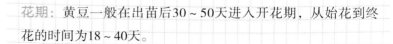

花期：黄豆一般在出苗后30～50天进入开花期，从始花到终花的时间为18～40天。

水分：黄豆喜湿润环境，幼苗期缺水易形成"小老苗"，所以应使土壤保持微湿状态；开花结荚期需水量最大，但要注意排除积水；鼓粒期对水分反应敏感，若遇干旱天气，要及时浇水。

温度：种子发芽适宜温度为15～25℃；进入开花期，植株对温度的要求较高，气温低于23℃或高于28℃，对开花都会不利。

光照：黄豆属于短日照作物，在短日照的条件下，能提早开花结荚；相反，如将黄豆置于长日照条件下，则会延迟开花，甚至不能开花结荚。

防病：黄豆常见的病害为根腐病。防治此病，需合理轮作、及时翻耕、平整细耙、减少积水，使土壤质地疏松，透气良好。

养护跟我学

① 将种子播撒在花盆里，并放于通风条件良好的地方，不久就长出了嫩绿的小芽。

② 慢慢地，黄豆长出了一片片新叶。这时早晚需各浇1次水，能促使黄豆快速生长。

③ 终于到了收获的时候，一颗颗黄豆长在饱满的豆荚里，远远望去就像是一串串风铃。

达人支招

① 为了提高发芽率，直播前最好选择籽粒饱满的种子，并用0.1%~0.2%的钼酸铵或根瘤菌拌种。经过处理的种子，根瘤形成早而多，植株长势快，分枝早，结实率和饱荚数也会提高，可增产10%~20%。

② 黄豆为喜中耕作物，幼苗期植株生长缓慢，可在开始分枝时，适当追施尿素等肥料，以促进植株生长。

药食观察室

Q 我家种植的黄豆枝叶繁茂，但就是不开花也不结荚，这是怎么回事？

A 可能是因为肥料施得过多造成植株徒长，所以要注意控水、控肥，待豆苗叶子发蔫才能浇水，但不要多。此外，也可能是因为种植过密造成的，可以把豆苗拔掉一些，使其处于通风透光的环境下，才能促使植株开花结荚。

西瓜，
排毒利尿的
"天然白虎汤"

"小小西瓜，个头大；瓜皮翠绿，瓜瓤红；细细的瓜藤猪尾巴。"这句顺口溜对西瓜的描述还真是贴切！众所周知，西瓜水分很足，在炎热的夏天，持续的高温下，只要吃上一块冰西瓜，马上就会感到凉爽、舒适，真不愧是能解暑的"天然白虎汤"啊！

种植帮帮忙

花期：西瓜一般在6月开花，花开得越多则收成越好。

水分：西瓜耐旱，不耐湿，若阴雨天过多，瓜苗易染病，导致后期产量低且果实品质差。

温度：西瓜喜温暖、干燥的气候，不耐寒，其生长发育最适宜的温度为24～30℃，根系生长发育最适宜的温度为30～32℃，根毛发生需保证温度不低于14℃。西瓜在生长发育的过程中需要较大的昼夜温差，这样才能培育出高品质的果实。

光照：西瓜喜光照，在日照充足的条件下，不仅产量高，而且品质好。

防病：西瓜病毒病是一种导致花器发育不良、不着果或果实畸形的病害。防治此病，可喷洒20%的速灭杀丁乳3000倍液、2.5%的溴氰菊酯2000～3000倍液或40%的乐果乳油1500～2000倍液，都能取得显著的效果。

养护跟我学

①

1. 将种子小心地埋在盆土里，并使盆土保持一定的湿度，不久就有嫩绿的小苗从土壤中钻出来。

②

③

2 | 3 / 4

④

2. 瓜苗一天天长高，可为其搭一个支架以便生长。进入夏季，瓜苗上会开出黄色的小花。

3. 开花授粉后的西瓜，渐渐地进入果实膨大期，就这样，一颗颗小小、圆圆的西瓜长出来了。

4. 经过一番精心照料后，西瓜终于成熟了，摘下一个，切开尝尝，非常美味可口。

达人支招

① 西瓜对土壤的适应性较强，但以土质疏松、土层深厚且排水良好的沙壤土为最佳。

② 西瓜成熟要经历一段时间的膨瓜期，而这段时间是西瓜需肥量最大的时期，所以，要保证肥料的供给。膨瓜肥以人畜粪水加溶解化肥为最好。膨瓜肥浓度宜淡，需以水调肥，使肥料在短期内迅速发挥作用。

药食观察室

Q 我家种植的西瓜为什么总是不结果啊？

A 其一，若花期肥水过多，容易使植株营养失调，茎叶徒长，造成落花落果。其二，施肥应以"前促、中控、后坐"为原则，施足基肥。若植株生长瘦弱，子房瘦小或发育不良也会降低坐瓜率。此外，应视秧蔓长势适当少留瓜，以减少养分消耗，提高坐瓜率。

食用 TIPS

凉拌西瓜皮

原料： 西瓜皮、盐、白糖、酱油、醋、麻油适量。

制法：

① 去掉西瓜皮上附着的瓜瓤和果皮。

② 将西瓜皮切成丝，用盐腌制30分钟。

③ 倒掉腌出的水，加入适量的盐、白糖、醋和芝麻油，然后搅拌均匀即可。

功效： 西瓜皮味甘、性凉，具有清暑除烦、解渴利尿的功效。

木耳菜，
益肝补钙的老年佳品

　　木耳菜是我国的古老蔬菜，因其叶子近似圆形，且肥厚而黏滑，很像木耳的感觉，所以得名。木耳菜的嫩叶经烹调后清香鲜美，口感嫩滑，深受南方居民的喜爱。同时，木耳菜富含许多营养元素，尤其是钙、铁等元素的含量非常高，有降血压、补钙、清热凉血、利尿、防止便秘等功效，因此非常适合老年人食用。

花期： 木耳菜通常在夏、秋季节开花。开出的花一串串的，犹如淡紫色的珍珠，清雅可爱。

水分： 木耳菜喜湿润的生长环境，故植株生长期间应保持土壤湿润。如果天气太干，需早、晚各浇1次水。

温度： 木耳菜喜温，种子发芽最适宜的温度为25～30℃。

光照： 木耳菜喜光，植株生长期间需保证充足的光照，但阳光过强时，需加盖遮阳网。

防病： 木耳菜的病害主要有褐斑病，又称鱼眼病，主要危害叶片。可用65%的代森锌可湿性粉剂600倍液或50%的代森铵可湿性粉剂800倍液喷雾，7～10天1次，连续喷施2～4次。

养护跟我学

1. 给花盆内的土壤浇透水；把木耳菜种子均匀地撒在培养土上，并覆盖一层薄土。约1周左右，木耳菜便会出苗。此时要及时中耕除草，防止杂草争夺养分。

2 | 3
  | 4

2. 当菜苗长出4～5片真叶时，用手指捏住菜苗茎的根部将其从土中拔出，只保留大苗即可。

3. 苗高达30厘米左右时，需搭"人"字架引蔓上架。

4. 待菜苗长至1米多高时，就可以采摘嫩叶食用了。

达人支招

① 木耳菜苗高达30厘米左右时，需搭"人"字架引蔓上架。除留主蔓外，再在基部留两条健壮侧蔓组成骨干蔓，骨干蔓长到架顶时需摘心，摘心后再在各骨干蔓上留一健壮侧芽。

② 每次采收后都要培土，并及时追施人粪尿肥或尿素。

药食观察室

Q 将木耳菜种子直播后，发芽率很低，这是为什么？

A 木耳菜种子的外壳比较坚硬，不易发芽，因此在播种前需要对其进行催芽。方法很简单，将种子浸泡在水温为35℃左右的清水中48小时，然后捞出放在30℃的恒温环境中进行催芽。4～5天之后，种子就会露白。这时便可以播种了。

食用 TIPS

木耳菜紫菜蛋花汤

原料： 木耳菜、虾皮、紫菜、鸡蛋、姜末、盐、香油、水淀粉。

制法：

① 将紫菜撕开；木耳菜、虾皮都洗净；鸡蛋打散。

② 将清水、姜末放入锅中烧沸，放入虾皮烹煮片刻，再放入紫菜煮开。

③ 用水淀粉勾芡，将鸡蛋淋入锅中。

④ 最后放入木耳菜，并加盐和香油调味即可。

功效： 这道菜有清热、解毒、防癌及防治便秘等功效。

莴苣，

身体减负"清道夫"

本草书上，莴苣被称作"千金菜"。作为餐桌上常见的蔬菜之一，莴苣可谓是药食两用的佳品。莴笋肉质鲜嫩，可生食、凉拌、炒食、干制或腌渍，其所富含的膳食纤维能帮助人们清理体内垃圾，达到清肠润便的效果。

 种植帮帮忙

播种：春莴苣一般于10月至次年1月播种，播种前浇足底水，将种子掺入适量细沙土散播于盆中，然后覆盖一层薄土即可。秋莴苣一般于7～9月播种，播种前要进行低温催芽，即将种子浸种后置于冰箱里，只要在25℃以下和湿润的条件下，经3～4天有80%左右的种子发芽，就可以种植了。

水分：播种后需经常浇水，保持土壤湿润，才有利于出苗。

温度：莴苣喜冷凉环境，种子发芽最适宜的温度为15～20℃。30℃以上会进入休眠状态。

光照：莴苣对光强要求较弱。在高温、长日照条件下，莴苣会提早抽薹开花。

肥料：早秋的莴苣发育较快，需施用富含氮、磷、钾的速效肥。

养护跟我学

1. 　　将种子直接撒播到土中，然后覆营养土约1厘米，并浇透水，不久就会出芽。

$2\dfrac{3}{4}$

2. 　　1周后，小苗长大了许多，此时需保温、保湿并及时间苗。

3. 　　植株长出了多片较大的真叶，此时要注意定期追肥。

4. 　　当主茎顶端与最高叶片的叶尖齐高时，便是采收的最佳时期。采收要及时，否则莴苣的口感会变差。

食用 TIPS

达人支招

① 待莴苣幼苗长出后，需追施1~2次有机氮肥；笋茎膨大期，每隔10~15天需随水追施1次有机复合肥。

② 叶片上一旦出现黄褐色枯斑，要及时摘除，并疏剪老叶，保持通风。

凉拌莴苣

原料：莴苣、生姜、盐、鸡精、白糖、酱油等。

制法：

① 莴苣去叶去皮，切成细丝。

② 加盐拌匀，腌1小时，沥去盐水，加其他调味料拌匀，装盘即成。

功效：这道菜色香味俱全，口感十分清爽，具有丰富的营养和一定的食疗价值，特别是利于清肠、开胃和消水肿。儿童每天食用200克莴笋叶，既可满足胡萝卜素的需要，又能摄取很多磷与钙，对促进骨骼发育与帮助牙齿生长都是极有好处的。

药食观察室

Q 为什么我种的莴苣还没有长大就开始抽薹了？

A 莴苣出现嫩芽徒长和抽薹的情况，主要是因为肥力不足、浇水过多；另外，在干旱和高温条件下，嫩芽长得细弱，茎皮变得粗糙，也会导致抽薹。

芳香小盆栽：

纤体美肤抗衰老
各有妙处

番茄，
靓肤美白佳品

番茄又称西红柿，有人也称之为"爱情果"，它是一种既可以吃又可以当做蔬菜的水果。番茄除了含有丰富的茄红素高抗氧化剂外，还含有大量的维生素A、维生素C等营养素，对维护视力和美容有很大的帮助。

种植帮帮忙

花期：番茄无论是春播还是秋播都能开花。通常，从播种到开出黄色的花朵需要55～60天。

水分：番茄喜水，除定植前、开花期以及转熟期要适当控水外，其他生长阶段都应保证充足的水分供应。

温度：番茄喜温，最适宜的生长温度白天为25～28℃，夜间为16～18℃。

光照：番茄为喜光的短日照植物，多数品种在11～13小时的日照条件下开花较早，植株生长健壮。

施肥：番茄需肥量较大，各时期都应保证充足的营养供给，但各个生育阶段，植株对肥量的需求有一定的差异：前期侧重氮肥，后期侧重钾肥，磷肥的需求贯彻生育期始终。

防病：番茄常见的病害为筋腐果，俗称"乌心果"，主要是日照不足、低温多湿、钾元素不足所致；科学的管理、充足的光照、施足够的肥，都是防治此病的方法。

养护跟我学

1 将番茄种子直播在盆土中，在一番细心的照料下，有几株小苗已经破土而出了。

2 小苗逐渐长大，叶片也在长大，慢慢地，植株开出了黄色的小花。

3 花期需多浇水，这样花朵才不会凋谢。在精心的呵护下，植株上结出了青色的小果实。

4 青色的小果实经过一段成熟膨胀期，会慢慢发育成红色的番茄，这时就可以摘下来食用了。

达人支招

　　植株开花结果时，需随水追施磷、钾肥；果期需控制水分，雨季需及时排水；每枝保留4~6个果实，番茄才会长得又大又好。

药食观察室

Q 我种的番茄为什么只开花不结果，应该怎么做呢？

A 如果你家的阳台空气不流通，盆栽番茄长期置于此环境，植株自然授粉率低，从而会出现只开花不结果的情形。可以轻摇花枝，使花粉飘散，或者用棉签蘸取花粉，进行人工辅助授粉。此外，还要将植株放在通风处进行养护。

食用 TIPS

番茄苹果香橙汁

原料：番茄、苹果、橙子。

制法：

① 将番茄洗净后，放入开水中烫一下，剥皮切块；将苹果洗净，去核切块；橙子洗净剥皮，切成小块。

② 将这三种食材一同放入榨汁机中榨成汁即可。

功效：坚持饮用这道果汁，不仅能排出体内毒素，还能让肌肤白皙无瑕、水润透亮。

斑纹芦荟，
天然神奇的美容师

芦荟为多年生草本植物，其叶子大而肥厚，呈狭长披针形，叶缘为尖锐的锯齿。芦荟不仅外形美观，而且其美容功效也是人人皆知的。有六种芦荟可食用。斑纹芦荟是其中一种。将新鲜的芦荟果肉拿来食用或制作成面膜，都可以在炎热的夏季给你带来一丝清凉的感觉。

 种植帮帮忙

花期：斑纹芦荟为百合科多年生常绿多肉质草本植物，通常会在5月左右开花，开花时花枝的高度约为30厘米。

水分：斑纹芦荟生长期间需要充足的水分，在春、秋两季，每周需浇水1次；夏季需每天浇水1次；冬季则需每半个月浇水1次。

温度：斑纹芦荟怕寒冷天气，最适宜的生长温度为15~35℃，气温在5℃左右时，植株会停止生长，若温度低于0℃，植株会被冻伤。

光照：斑纹芦荟喜光，植株生长期间宜放在室外通风和光照较好的地方养护；夏季，则要适当遮光。

施肥：斑纹芦荟不仅需要氮、磷、钾，还需要一些微量元

素。为保证植株生长得更好，可尽量施用发酵的有机肥，饼肥、鸡粪、堆肥都可以，蚯蚓粪肥更佳。

防病：斑纹芦荟常见的病害主要有炭疽病和褐斑病等。家庭盆栽斑纹芦荟，对病害应以预防为主，在病害发生前选择抗病品种或优质无病害种苗种植；病害发生后，可适量喷洒托布津、瑞毒霉等。

养护跟我学

1. 将植株移栽到种植盆里，由于斑纹芦荟的生命力很旺盛，故不放在阳光直射的地方也能生长得很好。

2. 植株越长越高，单株也变成了双株，一簇一簇的，煞是可爱。

3. 待小叶片长成厚实的大叶片，就可以摘下来食用了。

达人支招

　　斑纹芦荟喜欢生长在排水性能良好、不易板结的疏松土壤中。家庭种植时，可在土壤里掺些水砾灰渣，若能加入腐叶草灰等效果更好。

如果土壤排水透气性不良，很容易造成植株根部呼吸受阻，导致植株烂根坏死。

药食观察室

　　Q 我家的斑纹芦荟一到夏天就枯梢、叶片发红，该如何治疗？

　　A 斑纹芦荟生命力十分旺盛，极其好养，但惧烈日，如果不能及时为其补足水分，在炎热的夏日就会出现因暴晒过度所导致的叶片焦枯现象。所以，到了夏日，要给斑纹芦荟多浇水，并将其移至阴凉通风的地方养护。

食用 TIPS

鲜果芦荟爽

原料：斑纹芦荟、猕猴桃、草莓、蜂蜜、白砂糖。

制法：

①　斑纹芦荟洗净去外皮，切块，放开水中煮3分钟左右，取出冲掉黏液。

②　将斑纹芦荟切丁，用白砂糖腌5分钟。

③　猕猴桃去皮切丁；草莓洗净去蒂，切块。

④　蜂蜜加50毫升凉开水调匀，浇在切好的水果丁和腌过的斑纹芦荟上即可。

功效：食用这道沙拉能促进身体排毒，补充皮肤水分，增加肌肤胶原蛋白含量。

红薯，
通便排毒的塑身食材

初夏时节，剪下一段红薯枝梗，插进土里，浇一点定根水，不久后就绿意葱茏了；秋日中旬，粉色的小花在风中探出了笑脸；到了秋收时节，便长出了硕大的果实。摘下的果实，无论是蒸食还是烤熟后吃，口感都十分软糯，而且还可以排毒润肠，真不愧是女人塑身的首选！

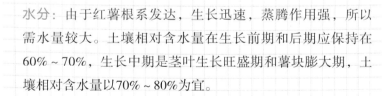

种植帮帮忙

水分：由于红薯根系发达，生长迅速，蒸腾作用强，所以需水量较大。土壤相对含水量在生长前期和后期应保持在60%～70%，生长中期是茎叶生长旺盛期和薯块膨大期，土壤相对含水量以70%～80%为宜。

温度：红薯喜温怕寒，育苗适宜温度在16～32℃之间，高温对薯块萌芽生长是有利的；幼苗阶段，气温最好控制在27～30℃。

光照：红薯是喜光的短日照作物，每天日照时数以8～10小时为宜。如果光照不足，则叶色变黄，严重时会脱落，甚至减产。若日照时数延长至12～13小时，就能促进块根形成。

施肥：红薯是喜磷喜钾作物，在地下块薯膨大期间，如果磷钾肥供应充足，就能够迅速膨大，并积累充足的淀粉，因此，在红薯膨大期间，要注意增施磷钾肥。

养护跟我学

①

1. 　将种薯头部朝上埋入土中，覆土约3～4厘米，浇透水。约3周后，健康的小苗就会生长出来。

③

②

2　3/4

④

2. 　当小苗长至10厘米左右时，需要及时给植株培土。

3. 　当苗长至15～20厘米后，有4～6个节时，剪下薯苗，斜插进土里，很快就长成茂密的一大片。

4. 　当蔓叶开始变黄时，块根已充分膨大，扒开表面的泥土，就能看到饱满的红薯探出头来，这时就可以采收了。

达人支招

　　剪下薯苗，斜插进土里之后，要适当地进行松土，以改善土壤的透气性，促进根系生长和块根形成。一直到结薯期，共松土2～3次，并结合松土追施适量的钾肥。

药食观察室

Q　我家种的红薯生长缓慢，怎么办？

A　在水分充足的情况下，红薯茎节处会有次生根生成，次生根会大量吸收养分和水分，从而抑制薯块生长。所以，种植期间要经常翻动藤蔓，可有效控制次生根的生成，从而为薯块生长提供更多的养分。

食用 TIPS

奶香红薯鸡块

原料：鸡腿、红薯、鲜奶、盐、白胡椒粉。

制法：

① 鸡腿去骨切块，用少许盐拌匀，稍微腌制一会儿。红薯去皮，切成小块上锅蒸熟。

② 热锅放油，下入腌好的鸡腿肉，中小火稍煎一会儿，直至肉质收紧并出香味、呈金黄色，再加一点盐和白胡椒粉调味。

③ 沿鸡肉淋一圈鲜奶，轻轻翻炒，使鸡肉充分吸收鲜奶汁。

④ 熄火，加入红薯块，利用锅的余温，将红薯与鸡肉拌匀即可。

功效：这道菜有解渴、益胃和利尿的功效。

辣椒，
燃脂塑身"辣美人"

每逢过年，农家的窗台上便会挂满火红的辣椒，寓意着新的一年"红红火火"。辣椒虽然味道辛辣，但却是辣妹子们的心头好，其特有的辣椒红素不仅能帮助女孩们开胃养颜，还有排毒燃脂的特别功效呢！

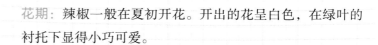

花期：辣椒一般在夏初开花。开出的花呈白色，在绿叶的衬托下显得小巧可爱。

水分：辣椒是茄果类蔬菜中最耐旱的一种，其所需水分相对较少。花期需适当加大浇水量，以保证植株开花顺利。

温度：辣椒最适宜的生长温度为20～30℃，低于15℃时生长发育完全停止，持续低于5℃则植株可能受害，0℃时植株很易产生冻害。

光照：辣椒对光照要求不高，一般只要保证光照充足，避免过晒，植株的长势就会很好。

防病：防治病虫害可从根源上着手。先用50℃左右的温水浸种30分钟，或用清水预浸10～12小时后，再用1%的硫酸铜液浸种5分钟，然后拌少量草木灰播种即可。

养护跟我学

1
将种子点播在土中，覆土约1厘米，保温、保湿，3～5天后即可出苗。待苗出齐后，可适当间苗。

2
待植株长出5～6片真叶时，选择晴天的下午进行移栽。

3
当植株长到25～30厘米时，应及时搭建支架，将主茎与杆子轻轻地绑在一起。

4
慢慢地，植株就会开花结果了。待果实变成青色时即可采收，也可以等果实变成黄色或红色时采收。

达人支招

① 植株定植成活后约5～7天需追肥。前期可喷施0.4%左右的尿素，中、后期可适当配合花生麸、过磷酸钙和氯化钾施用。

② 辣椒根群不大，既不耐涝，也不耐旱，故日常养护时，应及时浇水，保持土壤湿润。

药食观察室

Q 我家种植的辣椒结出的果实很小，收成也不是很好，这是怎么回事？

A 辣椒长势不好，和肥料有很大的关系，辣椒喜肥又怕肥，对肥料十分敏感。欲改善这种情况，一要做到有机肥与无机肥配合施用，且有机肥一定要充分腐熟；二要因土因苗酌情施用氮肥，同时不能过量施用尿素。

丝瓜，
抗皱嫩肤专家

丝瓜属于双子叶药葫芦科植物，起源于亚洲的热带地区，在我国，其种植相当普遍。作为百姓餐桌上常见的蔬菜之一，丝瓜可谓浑身是宝，除了可以用来做菜，它还兼具美容补水的功效。

花期：丝瓜为一年生攀援葫芦科草本植物，4月下旬育苗，5月下旬移植，7月初植株长达70~90厘米时可开花，花期一般为6~9月。

水分：丝瓜喜高湿环境，在过于干燥或贫瘠的土壤里，植株不易成活，故种植期间应始终保持土壤湿润。

温度：丝瓜喜温暖气候，忌低温，耐高温。

光照：丝瓜在短日照条件下能提早结瓜。抽蔓期以前，植株需短日照和稍高温度，以促进茎叶生长和雌花分化形成；开花结瓜期，需较强光照。

施肥：苗期，需每星期追肥1次；结果期，每采收1~2次需追肥1次。肥料以人畜肥和复合肥为主。

防病：丝瓜常见的病害为链格孢黑斑病。选用无病种瓜，及时增施有机肥，可提高植株的抗病力。

养护跟我学

1. 将种子直播在土壤里，不久后，就会长出细长的小苗。

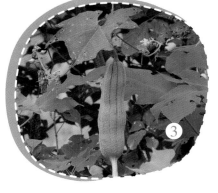

2 | 3
——
  | 4

2. 小苗经过几个月的成长，变得枝繁叶茂，还开出了黄色的小花。

3. 黄色的小花下终于长出了绿色的小瓜，这时需保证水分的供给。

4. 花朵渐渐地枯萎，瓜体慢慢地成熟，这时便可以摘下来食用了。

达人支招

为确保主要的藤蔓生长与结果，应剪去所有的侧蔓；待藤蔓上架后，需保留必要的侧蔓；在整个生长期，都需及时去除卷须，摘去老叶和弱叶。

药食观察室

Q 丝瓜叶上出现了弯曲的白线，这是怎么回事？

A 这是菜潜蝇在作怪。白线一端藏有很多害虫，发现后一定要马上处理掉，否则白线会越来越长，危害植株生长。处理的方法很简单，用纸巾捏住白线的一端，手指用力按压，即可碾死害虫。

食用 TIPS

丝瓜炒鸡蛋

原料： 丝瓜、鸡蛋、蒜茸、姜丝、红椒、胡椒粉、香油、盐、鸡精。

制法：

① 将丝瓜切菱形块备用。

② 将鸡蛋打入碗中，放少许盐、胡椒粉，用筷子将其搅拌均匀。

③ 在锅内放油，等四成热时下少许姜丝、蒜茸煸炒一会儿；放入丝瓜，炒1～2分钟左右加滑炒好的鸡蛋，放适量盐、胡椒粉；炒到丝瓜变软的时候，加鸡精、葱花、香油翻炒起锅，装盘即可。

功效： 丝瓜是非常好的美容良品，多吃丝瓜能收到保湿美白、消炎祛皱等功效。

草莓，
降压舒缓的"果中皇后"

草莓的外形好似一个桃心，其颜色鲜亮，果肉酸甜多汁，具有特殊的芬芳，一直以来深受人们的喜爱。草莓富含维生素C，收获季节，将其洗净，放入榨汁机中榨成可口的草莓汁。草莓不仅美味，还有助于消化，并能提高人体的免疫力。

种植帮帮忙

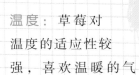

花期：草莓一般在3月末4月初开花，从开花一直到果实成熟，整个周期大概为30~40天。

水分：刚刚种植的草莓，需要一定量的水分；之后，保持盆土微湿即可。

温度：草莓对温度的适应性较强，喜欢温暖的气候，也有一定的耐寒性，但不抗高温。早春地温达2℃时，根系便开始活动，10℃时，会发出新根。

光照：草莓为喜光植物，种植初期，应置于半阴处养护，待植株服盆后，可移至有阳光的阳台、平台或窗边等处。

施肥：早春生长期，追肥1~2次，可促使植株生长枝叶；开花前追施以磷钾肥为主的肥料1~2次，能促使植株开花结果。

防病：草莓在花期易遭受叶斑病、白粉病和灰霉病的侵袭，这时可喷施50%的多菌灵500倍液、70%的甲基托布津1000倍液或20%的粉锈灵乳剂1500倍液进行防治。

养护跟我学

1. 在盆内装好营养土（土面距盆沿3～4厘米），浇透水后，挖好适于种苗根系深度的穴。将种苗垂直栽入穴内，填土压平，以不埋心为宜。

2 | 3
   | 4

2. 植株长出了好几片小叶子，过不了多久，就可以开花了。

3. 进入花期后，应及时疏叶剪枝，摘除发黄的老叶，为果实膨大提供更多的养分。

4. 未成熟的小青果慢慢地变成了红色，这时便可以摘下来食用了。

达人支招

草莓定植后，需勤浇小水，以保持盆内土壤湿润（浇水宜在早晨或晚上进行）；每隔1周左右，随水追施1次腐熟的有机肥。

药食观察室

Q 我种植的草莓结果时为什么会烂掉？

A 主要是由浇水不当所导致的。给草莓浇水的过程中，如果有水溅湿了植株，就会很容易腐烂。在日常养护期间，在植株底部铺一些干草，便可以预防草莓因接触泥土而腐烂的情况。

食用 TIPS

草莓水果饭

原料：大米、草莓、菠萝、葡萄干、淡奶油、白糖。

制法：

① 将菠萝去皮洗净并切成小块备用。

② 将草莓对半切开，葡萄干洗净备用。

③ 将大米淘洗干净，加入葡萄干，放进电饭锅煮熟。

④ 往煮熟的米饭中依次加入菠萝块、白糖、淡奶油，用勺子拌匀后焖煮5分钟，然后加入草莓。

⑤ 将水果饭盛到碗内压实，倒扣在盘内即可。

功效：这道水果饭有很好的食疗作用，草莓能助消化，菠萝能防止血栓形成，还能利尿、消肿。

花生，
红润气色的
"活血专家"

相传周朝时期，周穆王之女喜欢食用东土山的花生，结果活到了一百多岁。由此，花生的养生功效逐渐为人们所重视。花生的果肉很美味，还有那薄薄的红色外皮，虽然看起来不起眼，却是润色活血的专家呢！

种植帮帮忙

花期：花生为一年生草本植物，从播种到开花需30多天，花期可长达2个多月。

水分：花生比较耐旱，但发芽出苗时要求土壤湿润；花期要求土壤中水分充足，可一天内浇水多次。

温度：花生喜温，最适宜的生长温度白天为26～30℃，夜间为22～26℃。

光照：花生为高温短日照作物，长日照有利于植株生长，短日照则可促进开花。

施肥：植株在苗期对氮肥的需求量较大，开花下针期对氮、磷、钾的吸收较多，结荚期则需要较多的氮、磷肥。

防病：花生常见的病虫害有花生蓟马和卷叶螟。花生蓟马可用40%的乐果500倍液、10%的吡虫啉可湿性粉剂2500倍液或48%的毒死蜱乳油1300倍液喷杀；卷叶螟可用50%的杀螟松乳油700～1000倍液、2%的甲维盐1000～1500倍液、10%的除尽悬浮剂1000倍液或48%的毒死蜱乳油1000倍液喷杀。

养护跟我学

1. 将种子种在土里，没多久，它便破土而出了。

2. 又过了一周左右的时间，小苗上长出了绿色的小叶片，这时一定要勤浇水，以促进植株生长。

3. 约一个月后，植株上开出了嫩黄色的小花。

4. 授粉开花后，可以看到地下的泥土里有一串串白白胖胖的花生长了出来。

达人支招

出苗后应及时松土，以消灭杂草、破除土壤板结、增强土壤的通透性、提高地温、促进发根，为植株顺利生长创造条件。

药食观察室

Q 怎样使种出的花生籽粒饱满？

A 为了使花生籽粒个个长得饱满，可以在生长期增施适量的钙肥和钾肥，钙肥能促进荚果形成，降低空荚率，还可以促进根瘤固氮，而钾肥则有助于花生仁中脂肪的形成。此外，栽种之前要精心选择优良的花生品种。

食用
TIPS

花生八宝饭

原料：花生、糯米、莲子、葡萄干、枸杞、杏仁、肥膘肉、冰糖、白砂糖、猪油（炼制）。

制法：

① 将糯米淘洗干净，入开水锅煮一下，冷水过净后摊放在白稀布上，上笼蒸熟后取出，装入盆内；然后放入白糖、猪油和冰糖拌匀。

② 莲子去皮、去心，入沸水锅煮3分钟后捞出；花生米用开水泡发，去皮后上笼蒸发；肥膘肉煮熟，切成小丁；枸杞、葡萄干用温水泡发洗净。

③ 将以上配料，加入糯米饭拌匀，上笼蒸约1小时后取出，用筷子将其挑松装入盘内，撒上杏仁即可。

功效：这道八宝饭有健脾暖胃、补血的功效。经常食用，还可以防止心脑血管疾病。

桑葚,

防衰老的美肤圣品

紫紫的、小小的桑葚,犹如一串串微型葡萄挂在树间,非常漂亮;将其摘下食用,可防止自由基生成,减缓肌肤衰老;小孩子们也对桑葚果实的滋味喜爱有加,可见桑葚受欢迎的程度非同一般。

种植帮帮忙

花期:桑树为多年生木本植物,每年4~5月开花,分雄花和雌花,雄、雌花是长在不同的树上的。

水分:桑树喜欢湿润的土壤,但因其根系比较发达,所以日常浇水保证适量即可。

温度:桑树最适宜的生长温度为4~30℃,若气温超过40℃,植株生长会受到抑制。

施肥:桑树一年四季都需要施肥。春季主要施速效氮肥,能促进芽叶生长;夏季以速效肥料为主并配合有机肥;秋季施肥在8月下旬前,南北气候不同时间可灵活掌握;冬季施肥结合耕翻施入,以有机肥料为主。

修剪:6月初,对生长健壮的枝条进行修剪,可促发侧芽。

防病:防治桑天牛,可喷洒50%的甲胺磷800~1000倍液,每隔2~3天喷洒1次,连续喷洒2~3次即可。

养护跟我学

1. 将桑树苗移栽到花盆里，并施一次肥。

2. 树苗发芽前要进行一次平剪。不久后，便会开出刺团一样的花。

3. 开花后，大约再过二十多天，陆陆续续地便会有青色的果实冒出头来。

4. 青色的果实渐渐地变成了紫红色，就那样张扬地挂在枝头，让人垂涎欲滴。

达人支招

夏、秋季节种桑葚，起苗时应尽可能不伤根，保全桑苗根系；冬、春季节种桑葚，应轻度修剪过长的主根，促使侧根多发，种植前，用混有磷肥的泥浆蘸根，有利于植株发根成活。

药食观察室

Q 自己家种植桑树，在生长环境方面需要注意什么？

A 自己家种植桑树，最好要有足够的日照，且土壤最好呈碱性，否则会影响桑葚的口感和质量。

黄瓜，
厨房里的美容剂

黄瓜，也称青瓜、胡瓜，属葫芦科植物，在北方春、夏、秋三季以及南方全年皆可种植。黄瓜含有丰富的维生素和黄瓜酶，具有美白嫩肤的功效。

种植帮帮忙

花期：黄瓜通常在每年的6~7月开花，开的花呈黄色，有4~6片花瓣，花形为喇叭状，点缀在藤蔓间，显得非常清新怡人。

水分：梅雨季节结束前，每天清晨应浇水1次。若出现表土干燥的情况，应在晚间再浇水1次，以保证水分充足。

温度：黄瓜喜温，不耐寒，生长适宜温度为18~30℃，低于0℃会冻死，高于35℃时容易发育不良。

光照：黄瓜喜光，虽然有一定的耐弱光能力，但如果光照不足，植株生长发育会变得缓慢；冬、春季节光照不足时，往往会出现花朵凋谢脱落的情况。

修剪：侧蔓长出4~5片叶子时需摘顶，保留2~3条侧蔓结瓜即可；主蔓爬满支架后，也需摘顶。

防病：黄瓜易患霉病。若叶片上出现大量白色粉末状物质，应尽快将其摘除。平时将黄瓜置于通风良好的地方养护，且浇水时注意冲洗叶片内侧，可有效预防虫害。

养护跟我学

1 将种子点播在培育土上，并覆土约1厘米，然后洒上充足的水，在保温、保湿的条件下，3～4天后即可出苗。

2 待幼苗长出2～3片真叶时，将健壮的植株移栽到更大的盆中；移栽应在晴天的傍晚进行。

3 待叶子较为茂盛，或开出花朵时，会出现卷须的现象，这时应搭支架引蔓。在盆中插入3根竹竿，将上部捆绑在一起，轻轻地将藤蔓缠绕在竹竿上就可以了。

4 雌花根部上的小黄瓜迅速长大，变成成熟的果实。果实如果过大，果皮就会变硬，或是里面的种子会变大，所以应尽早收获。

达人支招

① 黄瓜生长期间需多次追肥；施肥必须以"勤施、薄施"为原则，并适当增加磷肥的比例，这样能让果实长得更大、更好。

② 给黄瓜人工授粉，应在上午8点左右进行。

药食观察室

Q 我种植的黄瓜叶片有些发黄，这是怎么回事？

A 可能是感染了黄瓜霜霉病。黄瓜霜霉病是一种毁灭性病害，想要防治此病，可合理喷施叶面肥补充营养，使黄瓜生长健壮，提高其抗病能力；也可以喷施1%的白糖和1%的尿素混合溶液。

食用
TIPS

黄瓜蜂蜜水果沙拉

原料： 黄瓜、香蕉、猕猴桃、红黄小·番茄、蜂蜜。

制法：

① 将香蕉、黄瓜、猕猴桃去皮后切成块备用。

② 将红黄番茄对半切开备用。

③ 将香蕉、黄瓜、猕猴桃放入盘中，加入蜂蜜搅拌均匀，点缀上红黄番茄即可食用。

功效： 这道沙拉有清肠排毒、防止便秘及美容抗衰的功效。

秋葵，
消除水肿的 "绿色人参"

秋葵又叫羊角豆、咖啡黄葵，是一种高档的营养保健蔬菜。其肉质细嫩，口感爽滑，还含有丰富的果胶、蛋白质、牛乳聚糖、草钙酸等营养成分，能帮助消化和治疗胃病，还有助于消除疲劳、快速恢复体力。

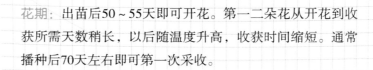
种植帮帮忙

花期： 出苗后50～55天即可开花。第一二朵花从开花到收获所需天数稍长，以后随温度升高，收获时间缩短。通常播种后70天左右即可第一次采收。

水分： 秋葵喜欢湿润的土壤，不过耐涝性一般，所以旱季要勤浇水，雨季应注意排水。

温度： 气候温暖且阳光充足的环境最适合秋葵生长。在寒凉的北方地区栽种秋葵，育苗应在温室或温床进行。另外，无论是在南方还是在北方种植秋葵，都需在霜期结束后再定植。

光照： 秋葵对光照条件尤为敏感，要求光照时间长且光照充足。种植秋葵，应选择向阳之处，并加强通风透气，注意合理密植，以免植株互相遮阴，影响通风透光。

施肥： 秋葵长势旺盛，且植株高大、生长期长，故需要较多的肥料。如在生殖期，需至少追肥3～5次。

养护跟我学

2
3

1. 秋葵一般采用直播的方式种植，早春也可在温室或阳畦育苗，待苗长出2~4片真叶时，即可定植。

2. 定植后要及时中耕松土。株高40~50厘米时，需结合中耕除草施1次肥，以有机肥和复合肥为主，并及时培土防止植株倒伏。

3. 植株开花后10天左右即可采收，此时嫩荚长约10厘米。采收应及时，否则嫩荚纤维增加，品质明显下降。

达人支招

因秋葵为主干结果，所以应及时整去侧枝和侧芽，通常每株留4~8条侧枝即可。待植株长到一定程度时，要及时摘除下部老叶，以利于植株通风透光，从而减少病虫害的发生。

药食观察室

Q 自家种的秋葵为什么只长叶子而不结果呢？

A 秋葵植株较高，故种植时要埋得相对深一点；同时，秋葵喜温怕寒，对光照要求很高，若光照不足，会影响开花结果。需要知道的是，秋葵开花结果需要一个周期，一般是一年一次，所以种植秋葵时不要太着急。

牡丹，
调整肤色的富贵之花

春天是属于牡丹的季节，姿态万千的牡丹花在这温暖的季节里争相开放。站在花丛中欣赏牡丹，一阵风吹过，飘来淡淡的花香，令人心旷神怡；轻轻摘下牡丹花瓣，制作成牡丹花茶，品一品，气色也会跟着红润起来。

种植帮帮忙

花期：牡丹一般在4月中旬至5月上旬开花。花姿雍容华贵，素有"花中之王"的美誉。

水分：家庭种植牡丹需每隔3～4天浇水1次，以保持盆土湿润。若浇水过量，易使枝叶徒长，土壤长时间过湿或积水还会导致烂根。尤其是夏、秋季节，更应控制盆土湿度，做到不干不浇。

温度：牡丹耐寒，但不耐高温，最适宜的生长温度为16～20℃，冬季能耐-30℃的低温，所以大部分地区可安全越冬。夏季高温时，植物会呈半休眠状态。

光照：充足的光照对植株生长较为有利，但夏季需避免烈日暴晒。

土壤：牡丹为深根性落叶灌木花卉，适宜在疏松、肥沃、排水良好的沙质土壤中生长。因此栽培牡丹花的盆土，宜用沙土和饼肥混合，或用充分腐熟的厩肥、园土、粗沙以1∶1∶1的比例混匀。

防病：牡丹常见的虫害为吹绵介壳虫，可用40%的氧化乐果乳剂加1500倍水溶液喷杀，或在入冬及早春时，用石硫合剂涂抹枝干下部。

养护跟我学

1. 选择4～5年生的牡丹进行分株繁殖。将母株从土里挖出，去掉泥土，置于阴处阴干，1～2天后再移栽，以免感染病毒。

2. 1～2个月后，牡丹的枝丫就会长大一些；期间若天气干燥无雨，可适量浇水。

3. 牡丹喜肥，现蕾期，植株最需要养分，此时应及时施用速效肥，使植株根部获得充足的营养。

4. 春暖以后，需除草松土，浅锄即可，不宜锄深，以免伤及花根。之后，每次雨过天晴时，宜再次松土，避免根部附近长草，这样花色才会更加艳丽。

达人支招

牡丹忌久雨过湿和炎热酷暑，一旦遇到长时间的高温多湿天气，会出现叶枯、烂根等情况。盛夏酷暑时期，可将盆栽牡丹移至室内遮阴。无雨时，需每天向枝叶及周围喷水，以增加空气湿度，保证牡丹花芽分化时期的水分供应。

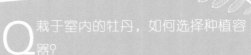

药食观察室

Q 栽于室内的牡丹，如何选择种植容器？

A 栽培牡丹，容器首选素烧泥盆或瓦缸，其次是档次较高的紫砂盆。如果选用陶瓷盆，则排水孔一定要够大，盆壁还需加一层棕衣等物，以利于排水和透气。

养生好料：

在家也能种的顶级养生长寿药食

芦笋，
防护心血管的抗癌之星

在国际市场上，芦笋享有"蔬菜之王"的美称，其所含的氨基酸、蛋白质和维生素等营养成分均高于其他蔬菜。不仅如此，芦笋中的天冬酰胺和微量元素硒、钼、铬、锰等，能帮助身体提高免疫力，很好地防护心血管。

种植帮帮忙

水分：芦笋蒸腾量小，根系发达，比较耐旱；但极不耐涝，积水会导致植株因根部腐烂而死亡。

温度：芦笋对温度的适应性很强，既耐寒又耐热，最适合在四季分明、气候宜人的温带栽培；其最适宜的生长温度为15～20℃。

光照：芦笋为喜光作物，要使植株枝繁叶茂，必须要有充足的光照。

施肥：秋季为芦笋的生长旺盛期，为保证植株正常生长，氮、磷、钾肥要配合着施用，不能只施氮肥而不施磷、钾肥，也不能施用氮肥太多。

防病：芦笋易遭受茎枯病，可喷洒50%的双吉胜500倍液加80%的必得利500倍液，每隔7～8天喷洒1次。

养护跟我学

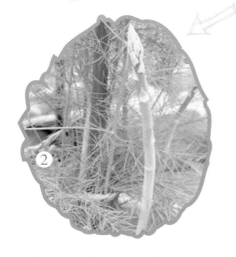

1. 选择一个较深的花盆，将晒干打碎的塘泥放入花盆内，然后插入芦笋幼苗。

2. 正常生长的芦笋，叶片会呈针状，且簇生在一起。

3. 成熟的芦笋会露出细长细长的嫩芽，于此时采收是最合适不过的了。

达人支招

芦笋幼苗生长较为缓慢，期间很容易长出许多杂草，因此需要经常松动土壤除草，或喷洒除草剂。除草剂宜在播种后3～5天喷洒。

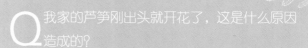

药食观察室

Q 我家的芦笋刚出头就开花了，这是什么原因造成的？

A 有可能是水分太少或光照太强所致。植株生长期间需保持盆土湿润，夏季高温时还要避免过强的阳光直射。此外，如果磷钾肥过多而氮肥过少，也会出现这种情况。

芹菜，
降低高血压的好帮手

芹菜的营养十分丰富，含有蛋白质、脂肪、碳水化合物、粗纤维、磷、钙、铁等多种营养成分，同时具有较高的药用价值。此外，碧绿细长的芹菜口感清脆，所以自然成了人们餐桌上的常客之一。芹菜不仅能清热解毒、利尿消肿，同时还是降低高血压的好帮手呢！

种植帮帮忙

容器：在阳台、天台、客厅或庭院种植芹菜，可选用的栽培容器有花盆、木盆和专业的栽培箱等，耕层深度以15～20厘米为宜。

水分：芹菜根系浅，吸水能力弱，所以对土壤水分要求比较严格。在整个生长期间都要及时浇水，保证充足的水分供应，才能提高芹菜的品质和产量。

温度：芹菜性喜冷凉、湿润的气候，属半耐寒性蔬菜，其幼苗能耐 –7 ～ –5℃的低温。种子发芽要求的最低温度为4℃，最适宜的温度为15～20℃，15℃以下发芽延迟，30℃以上几乎不发芽。

光照：芹菜喜中等光，在营养生长期不耐强光。在夏季高温且强光照下，要使用纱罩、遮阳网等为芹菜遮阴。

施肥：幼苗期，应以氮肥和磷肥为主，氮肥主要影响底部的发育，磷肥主要影响菜的品质和纤维素的多寡，还可以增强光合作用。

防病：芹菜在种植期间可能会感染斑点病，一般在冷湿的条件下病情较为严重。发病初期应及时摘除病叶，加强肥水管理，适时通风，并控制空气湿度，同时喷洒50%的多菌灵可湿性粉剂500倍液即可。

养护跟我学

①

1 将培养土整平，并浇透水；待水渗下后，将种子混合细沙均匀地撒播在土中；播完后覆0.5厘米厚的薄土，10天左右即可出苗。

②

2 种子发芽后，需保持土壤湿润，每隔1~2天，早、晚各浇1次小水即可。你看那探出小脑瓜的嫩叶儿，还真是可爱！

3 当植株长出5~6片叶子时，需移栽定植；定植株距为12~15厘米，行距为20厘米，深度以露出心叶为准。定植后1~2天需浇一次缓苗水，之后3~5天要灌水一次，以保持土壤湿润。

③

④

4 播种后3个月左右，就可以采收芹菜了。注意要赶在芹菜抽薹开花前采收，不然口感会变差。

达人支招

　　土质不佳、生长中后期脱肥、缺水或温度过高及过低，都会导致芹菜空心。想要避免这种情况，应尽量选择非沙性土壤栽培，且底肥多用腐熟肥，同时，植株生长发育期间要多追肥。

药食观察室

Q 我种植的芹菜一下子就抽薹了，这是为什么？

A 薹可能是低温或肥水管理不当所致。要想避免这种情况，首先要预防低温；其次要加强管理，具体要求为：定植后加强肥水管理，及时防治病虫害，防止干旱、少肥、蹲苗，抑制植株生殖生长等。

食用 TIPS

芹菜黄豆

原料： 芹菜、黄豆、植物油、花椒、盐、味精。

制法：

① 将芹菜择洗干净，切成小段，放沸水中烫一下捞出，用凉水拔凉，控干水分。

② 花椒放入植物油内炸制成花椒油。

③ 将芹菜段放入盘内，黄豆放在芹菜段上面，加入盐、味精、花椒油，拌匀即可。

功效： 这道菜能清除胃肠道里的积食，还能有效预防皮肤变得苍白和干燥。

胡萝卜，
益肝明目的上品药食

胡萝卜穿一身橘黄色的"外衣"，苗条的"身段"酷似人参，吃起来甜甜的、脆脆的，它还有另外一个名字——丁香萝卜。胡萝卜含有大量的胡萝卜素、维生素A，经常食用，不仅可以保护视力，还有特别的抗癌作用。

种植帮帮忙

播种：8月下旬至次年3月均可播种；播种期宜提早，才能使植株有充足的生长时间。

花期：胡萝卜在每年的4月左右开花，开出的花朵为白色。

水分：幼苗期，要保持土壤湿润；叶片旺盛生长期，应适当控水，防止徒长。

温度：胡萝卜为半耐寒性蔬菜，性喜冷凉环境；较大的昼夜温差有利于肉质根的积累。

光照：植株生长期间要求中等强度的光照，若光照不足，会影响叶柄生长，使长出来的胡萝卜又瘦又小。

防病：斑点病是胡萝卜常见的病害，它可直接影响胡萝卜结果。发病初期，可喷洒50%的扑海因可湿性粉剂1500倍液、75%的百菌清可湿性粉剂600倍液或70%的代森锰锌可湿性粉剂600倍液进行防治，每隔7～10天喷洒1次，连续喷洒2～3次即可。

1. 将种子撒播在培养土上，覆土约1厘米，然后浇透水。5~10天即可出苗，期间保持土壤湿润。

2. 当长出1~2片、3~4片、6~7片真叶时，分别进行3次间苗。每次间苗后，要适当培土，可预防胡萝卜顶部绿化。

3. 进入叶片生长旺盛期时，要增加磷、钾肥的施肥比例。

4. 种植约3个月，当肉质根充分膨大后即可收获果实。采收前浇透水，等土壤变软，握住叶片部分，将胡萝卜拔出即可。

达人支招

在自然生长状态下，胡萝卜容易与土壤黏结。为了在采收时顺利拔出胡萝卜，要定期对胡萝卜周边的土壤进行疏松。松土的深度要浅一点，并距离胡萝卜根系远一点，这样能减少对胡萝卜的损伤。

药食观察室

Q 在家如何栽种才能让胡萝卜的口感更为甜美？

A 胡萝卜缺钙的话，容易空心，若缺镁，含糖量和胡萝卜素含量会减少。因此在基肥中可加入适量的钙、镁等微量元素肥，以提高胡萝卜的品质。另外，采收要及时，否则会影响胡萝卜的口感。

南瓜，
降低血糖的餐桌佳食

　　南瓜是非常好种养的品种之一，从播种萌芽到一派藤壮叶茂，仅仅只需几周的时间。待到小南瓜渐渐长成成熟的大南瓜，就可以将其摘下，做成美味的南瓜粥、南瓜汤、南瓜饭、南瓜饼等诸多美食。事实上，多吃南瓜益处非凡，不仅能润肺益气、治咳止喘、驱虫解毒，还能帮助身体有效降低血糖。

种植帮帮忙

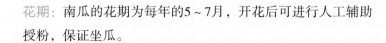

花期：南瓜的花期为每年的5~7月，开花后可进行人工辅助授粉，保证坐瓜。

水分：南瓜根系发达，吸水抗旱能力强，但不耐涝，因此，遇雨涝天气，需及时排水。

温度：南瓜为喜温作物，耐高温、低温能力较强。种子发芽期，适宜温度为25~30℃；生长发育期，适宜温度为18~32℃；开花和果实生长期，气温应不低于15℃。

光照：南瓜为喜光作物，若光照充足，植株生长良好，果实生长发育快且品质好。

搭架：植株开始爬蔓时，需搭设支架以引导南瓜藤蔓攀爬。同时将南瓜叶片尽量均匀分布在搭架的竹竿周围，使之不互相遮挡。

防病：南瓜易遭受白粉病的侵袭，可在发病初期，喷洒15%的三唑酮可湿性粉剂1500倍液或多硫悬浮剂500～600倍液进行防治。

养护跟我学

1. 南瓜种子播种后没几天，就长出了几片小小的真叶，像一把把小蒲扇。

2. 大约一个月左右，南瓜植株长出带有绒刺的叶片，并开出了黄色的花朵。

3. 开花后约10～15天左右，会结出青色的小小嫩南瓜。

4. 又过了一两个月时间，青色的南瓜和瓜柄会逐渐变成黄色，这时候就可以采收成熟的南瓜了。

达人支招

种植南瓜的时候可在每株的底肥中加两大把草木灰及适量的鸡、鸭粪便等有机肥，这样南瓜就能长得又大又好。

药食观察室

Q 南瓜幼苗的子叶上出现了褐色的圆形病斑，是炭疽病吗？

A 确实是炭疽病。炭疽病是南瓜生长过程中常遭遇的病害，且在植株生长的各个阶段皆可能发病。防治此病，需在播种前做浸种处理，发病初期，需喷洒75%的百菌清可湿性粉剂700倍液、25%的碳特灵可湿性粉剂500倍液等针对性药剂，每隔7～10天喷洒1次，连续喷洒2～3次即可。

 食用 TIPS

南瓜椰果羹

原料：南瓜、椰果、白糖。

制法：

① 将南瓜去皮切成小丁；锅中加入适量的水煮沸。

② 将南瓜丁放入锅中，调至小火，慢慢煮至软烂。

③ 将煮好的南瓜中加入白糖调味，最后在关火之前加入椰果。

功效：这道羹有补中益气、清热解毒的功效。含有大量的膳食纤维，不含胆固醇，对人体具有明显的生理调节作用。

莲藕，
凉血止血的
滋补佳珍

一节一节的莲藕，白白的、胖胖的，虽在水下生长，却出淤泥而不染。莲藕不仅是一种常见的蔬菜，同时还具有很好的药用价值，适量吃些莲藕，可以起到清热润肺、健脾开胃、安神健脑的功效。

种植帮帮忙

花期：每年的6月中下旬至9月会开出美丽的荷花。

水分：莲藕为水生植物，整个生长期都离不开水。夏季是莲藕的生长高峰期，此时植株对水分的需求量最大，因而要注意盆内不能没水。

温度：莲藕为喜光、喜温性植物，其萌芽适宜温度为15℃左右，最适宜的生长温度为28～30℃；昼夜温差大，有利于莲藕膨大形成。

光照：莲藕生长发育期间，需要充足的光照。前期光照充足，有利于茎叶生长，后期光照充足，有利于开花结实。

施肥：莲藕喜肥，但施肥过多也会烧苗，因而要遵循"薄肥勤施"的原则。

防病：莲藕常见的病害有褐斑病和黑斑病。褐斑病是较为常见的一种病害，发病初期可用25%多菌灵600倍液或75%百菌清1000倍液进行喷洒；对付黑斑病，常用70%甲基托布津1000倍液或65%代森锌600溶液，每隔10～15天喷洒1次，共喷2～3次。

养护跟我学

1. 在阳台上准备一个水缸，拨开水缸里的泥土后，将莲藕插入其中，芽尖朝上。

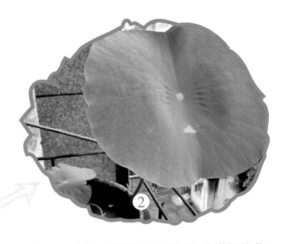

2. 水缸里慢慢长出了好几片嫩绿的荷叶，一派生机勃勃的样子。

3. 到了夏季，恣意生长的荷花在风中摇曳着身姿。

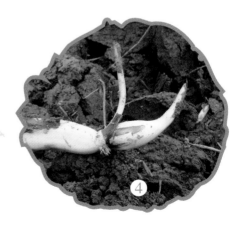

4. 荷花盛开后，就到了"白胖子"莲藕的生长期；扒开泥土一看，一节节白嫩的莲藕煞是可爱。

达人支招

① 在莲藕生长期间，喷施地果壮蒂灵可使地下果营养运输导管变粗，提高地果膨大活力，使藕身肥大，肉质脆嫩，水分多而甜，带有清香的味道。

② 莲藕怕大风。当风力超过15米/秒时，会使荷柄和花梗倒伏折断，若此时遇大雨或水位上涨，水将通过气道灌入地下茎内，导致地下茎腐烂。因此，在种植莲藕的过程中，一定要做好防强风的工作。

药食观察室

Q 我种植的莲藕，叶子长得很绿，也挺茂盛，但藕产量不高，这是怎么回事？

A 主要是没有做到平衡施肥，即氮肥施多了，而钾肥施得过少。

食用 TIPS

绿豆糯米藕猪皮汤

原料： 莲藕、猪皮、绿豆、糯米、盐。

制法：

① 将绿豆、糯米浸泡一夜备用。

② 将莲藕去皮后在前端切开，将绿豆和糯米混合灌入莲藕孔中，用牙签将切开的前端和藕节固定封好。

③ 将清水倒入锅中，放入猪皮、封好的莲藕炖熟。

④ 炖熟后，可将莲藕取出，切成片放回锅中，加盐调味即可。

功效： 这道汤有滋阴补肾、健脾开胃的功效。

百合，

养阴清热的滋补良药

在我国，百合花一直都有着"百年好合"的美好寓意。百合开花时，不仅姿态非常优美，还有种清甜的香味，让人流连忘返。值得一提的是，百合花的食用价值和药用价值也颇高，以百合花入药或做成羹，可以起到养阴清热的功效。

种植帮帮忙

花期： 百合的花期为每年的4~10月，开出的花朵呈白色，具有淡淡的清香。

水分： 百合比较适合干湿适宜的环境。日常浇水只需保持盆土湿润，但生长旺季和天气干旱时，需适当勤浇，并常在花盆周围洒水，以提高空气湿度。

温度： 百合最适宜的生长温度为15~25℃，当环境温度超过30℃时，植株会生长不良，且正常开花也会受到影响；当温度低于10℃时，植株生长会变得缓慢。

光照： 百合属长日照植物，若光照不足，会引起花蕾脱落，开花数减少；若光照充足，则植株健壮矮小，花朵鲜艳。

修剪：百合开花后，为使鳞茎充实，应及时剪去残花，以减少养分消耗。

防病：百合常见的病害有立枯病和百合无症病毒等。治疗立枯病，可用50%的多菌灵灌根，或与50%的代森铵100倍液混合使用，发病初期，需及时拔除病株，并立即防治；百合无症病毒则需从种源上进行防治，选择无病毒的鳞茎作为种苗是最好不过的了。

养护跟我学

1. 选择高度适中、圆润饱满的百合幼苗栽种在盆土里。

2. 在百合生长期间，要始终保持盆土表层湿润。当空气比较干燥时，要适时给植株喷水。

3. 百合最终长出了一朵朵漂亮的花苞，这意味着植株进入了孕蕾期；随着百合的生长，要适时给植株喷洒水分，以保持盆土湿润。

4. 待百合花开后，要将植株移至室内栽培，这样能够保持花朵的新鲜度，避免暴晒造成的伤害。

达人支招

优质的盆土有利于植株生长。想要百合后期生长良好，换盆时除了要改善土壤的营养成分外，还要对盆土进行消毒，最常用的方法是利用太阳杀菌消毒。提前将培土放在花盆中，用保鲜膜覆盖好，然后将其放在太阳下暴晒，就能有效避免后期植株生病。

食用 TIPS

百合炒芦笋

原料：百合、芦笋、胡萝卜、盐和味精。

制法：

① 将百合瓣剥好洗净，芦笋、胡萝卜切片后先用水焯一下，然后晾凉备用。

② 油锅烧热，分别放入百合、芦笋和胡萝卜略炒几下，再加入盐和味精调味后即可出锅。

功效：这道菜能润肺止咳，明目益气，是素食中的佳品。

药食观察室

Q 我种植的百合出现了烂根的情况，该怎么办？

A 这可能是水大烂根所致。首先应剪掉烂根的部分以及枯萎的鳞片，然后将种球稍晾干，晾去表面的水分。再种的时候，可先用百菌清或高锰酸钾溶液消毒片刻。此外，还应每年换盆1次，就可以有效避免烂根。

芥蓝，
增强食欲助睡眠

芥蓝，是甘蓝类蔬菜中营养比较丰富的一种，其菜薹柔嫩、鲜脆、清甜，清炒、炖汤都可以起到食疗的作用。不仅如此，芥蓝的药用价值也相当可观。将芥蓝切片，煮成清汤，带温饮用，能防止牙龈出血；若睡眠不佳，也可以饮用此汤。

种植帮帮忙

花期：芥蓝的花期为3~4月。开出的花呈白色或淡黄色。

水分：芥蓝喜湿润的土壤环境，但土壤湿度过大或积水，会影响根系生长。

温度：芥蓝喜温和的气候，耐热性很强。不同属性的芥蓝品种，耐热性及花芽分化对温度的要求有差别。早中熟品种较耐热，在27~28℃的温度下，花芽能迅速分化，降低温度对花芽分化没有明显的促进作用；晚熟品种对温度要求较严格，在较高温度下虽能进行花芽分化，但时间会延迟，较低温度及延长低温时间，能促进花芽分化。

光照：芥蓝属长日照作物，但现有品种对日照时间的长短要求不严格。

土壤：芥蓝对土壤的适应性较强，但以壤土和沙壤土为宜。

施肥：芥蓝对氮、磷、钾的吸收以钾最多，磷最少。幼苗期，植株吸肥量较少，生长较缓慢；菜薹形成期，植株吸肥量最多；生长各期，植株对氮、磷、钾的吸收量不同，应着重有机肥的施用，并适当追肥。

养护跟我学

1. 将种子直播在盆土里，并施入适量腐熟的肥料，不久后种子就破土而出啦！

2. 长出小苗后，即可定植。之后勤浇水，保持盆土湿润。不到一个月的工夫，叶子就长得很健壮了。

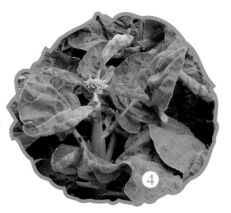

3. 细心照料，芥蓝的叶子会越长越肥厚，叶面上的脉络也越来越深。

4. 当芥蓝抽薹之后，其初花和基叶登高时，就可以准备采收了。

达人支招

芥蓝进入菜薹形成期和采收期后，要增加浇水次数，以保持土壤湿润。缓苗后3～4天要追施少量的氮肥或鸡粪稀；现蕾抽薹时，需追施适当的速效性肥料或人粪尿；主薹采收后，为促进侧薹的生长，应追肥2～3次。

药食观察室

Q 我家的芥蓝上好像长出了很多小黑点，有的都坏死了，这是怎么回事呢？

A 可能是感染了黑根病。此病的防治方法为：选用无病新土育苗，施用充分腐熟的有机肥，掌握适当的播种密度，覆土不宜太厚；发病初期及时拔除重病株，加强管理，注意保暖与放风，浇水宜小水多次，浇水后增加放风排湿次数即可。

食用 TIPS

白灼芥蓝

原料：芥蓝、蒜、淀粉、白糖、精盐、鸡精。

制法：

① 将芥蓝顶部和下端的老叶去除，洗净；在碗里调入适量淀粉、水、白糖、精盐、鸡精、美极鲜味汁，搅拌均匀备用。

② 锅内放半锅水，加入精盐，水开后放入芥蓝。

③ 将芥蓝汆一下后，马上捞起摆盘。

④ 锅内倒入花生油烧热，放入蒜末爆香后，倒入芡汁；将芡汁均匀地淋在摆好盘的芥蓝上即可。

功效：此道菜有润肠、去热气、下虚火及防止牙龈出血的功效。

板栗，
补肾强筋
神奇之果

板栗俗称栗子，有"千果之王"的美誉，其性味甘温，营养丰富，是补养治病的绝佳保养品。值得一提的是，板栗在补肾方面的功效，不亚于鹿茸、人参、黄芪等中药，故肾虚者宜多吃。

种植帮帮忙

花期：板栗的花期为每年的5～6月，开出的花一长条一长条毛茸茸的，乍一看有点像"毛毛虫"。

水分：春季每15～20天需浇1次水，以满足板栗树体生长发育的需求。

温度：板栗适宜于在年均气温为10～17℃的环境中生长。

光照：板栗为喜光性较强的树种，植株生长期间要求充足的光照，特别是花芽分化期，更要求较好的光照条件。

修剪：对选留的各级骨干枝的延长枝进行适当的短截，并疏除所有的纤弱枝与个别竞争枝，以利于顶芽向外延伸，扩大树冠。

防病：板栗常见的虫害为桃蛀螟。防治这种虫病，应将果树枝干的老翘皮刮净，集中处理，并摘除虫果，或喷洒30%的杀螟松乳油600倍液。

养护跟我学

1. 将树苗扦插在土里，除去周围的杂草并浇上水。这时的板栗树还是一棵小小的树苗。

2	3
	4

2. 板栗树一天天地长大，慢慢地长成了大树，不久后就会开出一丛丛类似于仙人掌的花朵。

3. 待板栗树长到很高的时候，在茂盛的枝叶下就会结出一个个小小的刺团。此时是植株最需要水分的时候。

4. 刺团越长越大，颜色也由浅绿色变成了棕黄色。此时便是板栗成熟的时期了。

达人支招

　　将板栗种植于富含有机质、通气良好的沙壤土中，有利于根系的生长及产生大量的菌根；若种植于黏重、通气性差、雨季易积水的土壤中，则植株会生长不良。

药食观察室

　　Q种了好几年的板栗树，树干粗壮，今年却只开花不结果，这是怎么回事？请问用什么方法可以让其结果？

　　A板栗对肥料的需求不同于其他果树，成年结果板栗树，需增施硼、锰、钙等肥料；此外，板栗为喜光果树，想要确保其结果，就要让树体通风透光，并及时疏除长势过旺的延长枝和树冠内密集的细弱枝。

食用 TIPS

板栗烧仔鸡

　　原料：板栗、仔鸡、青椒、红椒、油、蒜、姜、大葱、白糖、花椒、料酒、酱油、精盐、味精、八角等。

　　制法：

　　① 将鸡肉斩块，青椒红椒切片；油热后放鸡块爆炒。

　　② 待鸡肉变硬时，加入料酒、姜块、蒜头、花椒，待香味溢出，加入适量水，放入少量精盐、酱油、白糖、八角等。

　　③ 加盖焖烧至六七成熟，加入板栗同烧15分钟左右；起锅时加入青红椒及味精。

　　功效：这道菜可起到补益脾胃、益气养血的作用。